快乐的活法

简单四步，重建自我

［美］乔治·普莱特（George Pratt）　皮特·兰博罗（Peter Lambrou）　乔·大卫·曼恩（John David Mann）著

姜莹莹　译

吉林出版集团有限责任公司｜全国百佳图书出版单位

图书在版编目（CIP）数据

快乐的活法 /（美）普莱特，（美）兰博罗，（美）曼恩著；姜莹莹译. —长春：吉林出版集团有限责任公司，2014.7

书名原文：Code to joy

ISBN 978-7-5534-4784-1

Ⅰ. ①快… Ⅱ. ①普… ②兰… ③曼… ④姜… Ⅲ. ①人生哲学—通俗读物 Ⅳ. ①B821-49

中国版本图书馆 CIP 数据核字（2014）第 153699 号

吉林省版权局著作权合同登记

图字 07-2012-3912

快乐的活法

KUAILE DE HUOFA　　（美）乔治·普莱特等 著 姜莹莹 译

出版策划：孙 昶

项目统筹：孔庆梅

执行策划：刘虹伯

责任编辑：邓晓溪

责任校对：刘 洋

出　　版：吉林出版集团有限责任公司（www.jlpg.cn/yiwen）

（长春市人民大街 4646 号，邮政编码：130021）

发　　行：吉林出版集团译文图书经营有限公司

（http://shop34896900.taobao.com）

总 编 办：0431—85656961

营 销 部：0431—85671728

印　　刷：廊坊市兰新雅彩印有限公司

开　　本：710mm×1000mm　1/16

印　　张：15

字　　数：192 千字

版　　次：2014 年 9 月第 1 版

印　　次：2014 年 9 月第 1 次印刷

定　　价：36.80 元

目　录

推荐序

21 世纪最不缺的就是医学奇迹，这我知道——心脏病突发你可以死里逃生，就算做 5 次搭桥手术，20 多年之后还能生龙活虎——你一定会对现代医学感激涕零。

但是人类的有些地方医学还无法涉足，至少现在还不能。现代医学让我们更健康了，但是它能让我们更快乐吗？这是本世纪初医学的前沿问题。这个前沿领域的一位无可争议的大师级人物，是一位临床心理学家，叫作乔治·普莱特。

第一次见到普莱特博士是在《拉里·金现场》上，他在节目上谈到一种方法，可以治愈情绪，持续提高效率，增加满足感，令人神往。

“无法排解的伤痛，长期的自卑，莫名的焦虑不安，”普莱特博士说，“我们当中的大多数人都在跟这样或那样的负面情绪做斗争，我们称之为‘苦恼的阴霾’。它遮蔽我们生活的阳光，烦扰我们的人际关系、事业甚至健康。无论你跟心理医生聊多长时间，谈话治疗有时候也不能达到效果。”

为什么呢？

他解释说：“因为我们对自己的了解和大脑中情绪存在的部位之间有一道鸿沟，有时就是无法跨越。我们需要找到其他的方式来获取信息，从而理解自己的情绪。”

其他的方式都有哪些？比如“能量心理学”。

如果你从来没听说过这个术语，你可不是独一份。我在那次脱口秀之前也没有听说过。但在未来的几年里，你我肯定会经常听到。这个术语指的是影响身体能量系统的创新技术，就像是思想和情绪的 60000 英里（1 英里约为 1.609 千米。——译者注）的调节器。使用这些技术，就像我这位贵宾解释的那样，你可以首先清除产生鸿沟的创伤和事件。结果如何呢？就像是一阵清风吹走了乌云：晴空万里，阳光灿烂。

“其实，”他补充道，“这是一件非常容易的事，而且很有效果。”

普莱特博士曾经帮助专业高尔夫球手和棒球手提高成绩，帮助被抛弃的年轻男女解脱痛苦，帮助形同陌路的夫妻重修旧好。他也曾经让可怕经历的创伤过去，让止步不前的事业腾飞，重拾失去的自信，消除过去的非理性的恐惧。

他还曾经帮助过一位脱口秀主持人——不才正是在下。

我们第一次在脱口秀上见面之前，我就对这位好医生略知一二。《拉里·金现场》的两位员工曾经是他的顾客，他们都达到了非常棒的效果。很快他就成了脱口秀的嘉宾，那一次他的话题是“创造你自己的快乐”。

于是就点燃了我好奇的小火苗。

我们约了一个时间，他私下里向我展示了这个方法，详情请参阅本书。当时我有个需要解决的问题，我就给他讲了我生活中的一个情绪问题。他在接下来的 15 分钟内所做的事情让我醍醐灌顶。如果我说印象深刻，那是打了折扣，该拉出去枪毙。应该说，真是太给力了！他说这个过程简单容易，他没开玩笑；他说有效果，也没开玩笑。

乔治·普莱特的确是一位治愈大师。在你们马上要读到的文字中，他和他的同事皮特·兰博罗博士创造了一个卓越的程式来挖掘我们的潜力。我预测这本书一定会改变很多人的生活，让他们的人生变得更美好。

这其中也包括你。

无论你生活中发生了什么，无论是什么阻挡了你所期待的成功、效率和快乐，有一种方法可以让你梦想成真。我对这种方法很清楚，因为我亲身感受过它的魔力。

——拉里·金 (Larry King)

导　言

有些事情不对劲。

——克莱佛小姐，《麦德琳》

几年前，一位名叫斯蒂芬妮的女士来到我们的办公室，希望得到治疗。在我们的首次会面中，她向我们提出了一个她在过去几十年中一直试图回答的问题——为什么我不快乐。这是一个千万人一直在探询的问题，可能你也曾经这样问过自己。

我们很快了解到斯蒂芬妮可以算是一个白手起家的成功典范。斯蒂芬妮出生于一个贫困的家庭，青少年时期她在一家广告公司找到一份办公室助理的工作，经过一步步地努力，40 多岁时就成为公司的 CEO（首席执行官）以及主要股东。斯蒂芬妮的个人生活同样很精彩：作为一个善良慷慨的女士，在她与丈夫居住的任何社区她都表现得很活跃，他们拥有两个足以令他们自豪的健康活泼的孩子。

其实，从任何角度来看，斯蒂芬妮似乎都过着令人羡慕的生活，除了一点——她非常不快乐。

斯蒂芬妮的不快乐是相当真实的。当她走进房间时，就像有黑暗的云雾也紧随她潜入。当她开始描述自己的情况时，我们很清楚地看到紧随她的那朵乌云确实无孔不入地进入了她生活的各个角落。

尽管一切都表明她是一位优秀的母亲，但她自己并不这样认为。她为多年前的一次失败的婚姻而感到深深自责，而那罪恶感也像遮蔽了晴朗天空的乌云一般盘旋在她的心头。她的健康也因此受到影响：现在斯蒂芬妮50多岁，她有非常严重的胃病以及其他消化系统的问题，并且刚刚做过一次背部手术。尽管她非常成功，但那黑暗的阴云照样在她的职业生涯投下了阴影。在一系列的管理困境后，斯蒂芬妮的广告公司也不得不宣告破产了。

在没有任何明显原因的情况下，斯蒂芬妮的生活就这样受到了重创。

“我在加利福尼亚这边看过心理医生，”她说，“在纽约，在伦敦，都看过。我试过任何一种抗抑郁的方法。我读过所有关于情绪问题的书籍、文章——但我仍然不知道这一切究竟是为什么。每个人都告诉我，我没有任何可以抱怨的，一切也确实令人感恩。我知道他们是对的，但我知道这些并不代表我的情绪能得到改善。”

接着斯蒂芬妮提出了那个问题：

“为什么我不快乐？”

经过60年的临床综合实践，我们从成千上万的人那里，听说过成千上万种与斯蒂芬妮的问题本质相同的问题：

为什么我这么焦虑、紧张、缺乏安全感，总是忧心忡忡？为什么我好像就是不能找到或维持一段稳定的感情关系，找到一份我喜欢的工作，在家里与家人放松地待在一起？为什么我有这种不合情理的对人群的恐惧？对男人的，对女人的，对电梯的，对食物的，对密闭空间的，对开放空间的，对独处的，对与他人相处的，等等之类的恐惧？为什么我无法摆脱分手带来的影响，无法摆脱我的强迫行为，无法摆脱金钱问题，无法摆脱我是个“冒牌货”的感觉？

数以百万的不同版本，斯蒂芬妮的问题贯穿了整个社会，在每个我们认识的人中都能找得到回响。你可能也有你自己的版本。

我们是有史以来最健康、最多滋养、最长寿的一代人。我们拥有各种权利，因此我们本应该是有史以来最快乐、最果断、最有建设性、最充实的一代人。但由于某种原因，我们却不是。

为什么会这样？

这就是我们追寻了几十年的谜题——而答案恰好与水变成雾的途径有关。

想象你正站在你的屋外，周围浓雾环绕，你无法看见街对面的景物。你向右边看过去，然后再向左边看过去，但往任何方向你都无法看见 50 英尺（1 英尺约为 0.3 米。——译者注）以外的东西。你被包围了。

猜猜看制造出那样一片浓雾，把你彻底与世界隔离需要多少水量？

在你往下阅读之前，想一想这个问题。别担心你不擅长数学或没有物理学背景，从一般常识的角度猜猜看就行。你觉得多少水能够制造出那么一大片围困你的浓雾？

现在，你准备好你的答案了吗？几盎司（1 盎司约为 28 克。——译者注）？制造出方圆 1 英亩（1 英亩约为 4047 平方米。——译者注），1 米厚的浓雾，全部的用水量还不足以装满一个普通的饮水玻璃杯。

你可能会惊叹，这怎么可能？首先水分蒸发，生成的水蒸气冷凝成微小的水滴弥散进入空气。在那个方圆 1 英亩的雾里，一个饮用水杯里的水分解成 4000 亿个微小水滴扩散入空气，生成一个不可穿透的遮盖物阻隔了光线，让你心生怯意。

这也与某种痛苦经历的演化过程“异曲同工”。

人类具有极强的适应能力。大多数时候，当负面事件发生，我们能够从中学到教训，耸耸肩，然后继续生活下去。那个经验很轻易就蒸发了，让我们变得更为成熟智慧。但有时，特别是当我们非常年幼，面对这些事情无能为力的时候，哪怕事情看起来无足轻重，不比一杯水重要多少，当那些令人不安的经验蒸发消散，它们会冷凝成亿万个愤怒的、恐惧的、自我怀疑的、负疚的以及其他负面感觉的水滴，形成一张令人窒息的毯子围绕着我们，弥散入以后生活的各个方面。

我们把这团雾叫作“悲伤的迷雾”。

典型地，这种模糊的不适感停栖在背景中，就像冰箱或空调发出的恼人噪声，我们学会了将它们阻隔在我们的意识之外。但不管我们是否意识到它，它都无所不在，就像一种持续的头痛，影响我们健康的人际关系，影响我们在工作中的表现，影响我们过尽可能充实的生活。天长日久，那个背景噪声能够损害我们的事业、友情、婚姻。有时，像斯蒂芬妮那样，甚至我们的生理健康都会开始受到损害。

这个迷雾是由什么组成的？它由部分的感觉，部分的信念，部分的意识以及部分的生物电组成。你可以把它想成一种干扰模式——就像无线电波被静电干扰一样，在童年时代就建立起来，当我们的防御系统还没有完全形成，我们的成年逻辑思维方式尚未发展完备的时候。换句话说，它存在于我们的意识、逻辑、言语思维过程的范围之外。它就像一个在后台运行的电脑程序，遮蔽了我们的想法、感觉、反应、行为，以及我们对于自己和世界的看法——很大程度上都存在于我们的意识之外。

对于某些人来说，这团悲伤的迷雾以非常明确特定的方式出现，比如一种难以撼动的恐惧或无理性的焦虑，某种特定生活方面的问题等。而对于其他一些人，比如斯蒂芬妮，这团迷雾的形式更为模糊泛化。就是说，不是任何事情都错得离谱。更恰当的说法是，一切都不那么正确。

这就是斯蒂芬妮的努力没能为她带来任何解脱的原因。神经疾病类治疗药物，比如抗焦虑或抗抑郁用药，都无法驱散那层迷雾，它们最多只能削弱那层迷雾的影响。谈论它——无论是与朋友，辅导人员或心理医生——也同样无法驱散它，因为它不是理性逻辑分析的产物。尝试“谈论它”就像试图通过在城市街道上开车来到达水下洞穴一样，这是无法助你抵达目的地的徒劳之举。不管你开了多久的车，或走哪条路，你都无法抵达那里。我们必须从那辆车里出来，放弃街道，跳入水中，以不同的路线游到目的地。

幸运的是，清除这迷雾的途径是存在的。这就是我们这本书要探讨的内容。

关于悲伤的迷雾最为糟糕的一点就是它是如此顽固，我们都开始认为它是“正常的”了，尽管它根本不正常。我们生来就具有非凡的自我成长、自我规范、自我疗愈的能力。我们天生就被设计为完美的、有能力创造具有建设性、创造力的，并拥有充实快乐人生的生物。我们注定应该快乐。从本能、从内心深处，我们都知道这一点。我们都知道一阵欣喜充盈心头的感觉。我们中的每个人都在生活的某个时刻经历过心花怒放的喜悦，感受过生之愉悦。

你有没有曾经想要知道，那种快乐的经历是否真的那么罕见，那么短暂？

答案很简单，当然不是。

过去几十年的临床经验告诉我们，重新从生活中获得那种孩童般的快乐感觉，以最为完整的方式生活，这一切是可能的。结论是，我们都必须相信我们共同存在于这个地球上，都应该快乐、健康，体验喜悦、爱、联系以及贡献。你可以成为一个更好、更智慧、更冷静、更专注、更有力、拥有更为深刻愉悦的你。

为实现这个目标，我们需要针对这弥散周遭的悲伤的迷雾做些研究，了解它来自哪里，找到驱散它的办法。

在过去几十年中，我们都致力于揭开这个谜，我们在使用传统心理学工具的同时，也采用了心理学研究领域最前沿的科学方法以及成果，这个领域被称作“能量心理学”。我们从 20 世纪 80 年代开始了针对这一全新领域的探索，在我们的实验、研讨会、公开示范中，我们有超过 45000 个治疗个案，并取得了令人瞩目、持续可靠的成果。

在过去的几十年间，我们逐步将我们的方式演化成为简单的步骤，以便大家自行操作。这个步骤简单有效，成效非凡，我们已经目睹了千万名客户使用这个步骤清除了困扰他们的痛苦。

这也正是斯蒂芬妮得到的成果。在上次与她会面时，我们带她使用了这个简单的“四步法则工具”：

第一步：确认。首先，通过回忆过往，我们帮助斯蒂芬妮确认了那件给她的世界带来长期阴霾的痛苦的早年事件，以及当时她年轻的大脑基于那个事件的影响，建立起来的自我局限信念。

在第一章中，我们会带你通过简单的、循序渐进的过程来进行同样的确认。（我们同样找到了对斯蒂芬妮产生巨大影响的事件究竟是什么。）

在第二章中，我们将会一起了解最为常见的自我局限信念，以及如何将它们从你的心中清除出去。第三章将是探索那些局限信条藏身之处的一章，同样我们还会了解到为什么它们这么根深蒂固地存在于我们心中，我们会学习用一个神奇的方法让它们浮出水面，以便我们进一步解决它们。

第二步：清除。接下来，我们使用特殊的呼吸练习以及神经肌肉技术来矫正她的自然电极，从而帮助她驱散那弥散周遭的雾霭。

在第四章，我们会一起来探索身体的生理场，以及来了解当我们的电极紊乱颠倒时会出现哪些后果。我们也会学习到一整套的技法用以矫正我们的电极，将认知心理学与那些古老的元素相结合，包括瑜伽以及针灸按摩。

第三步：重建。随后，我们帮助斯蒂芬妮永久清除了在第一步中确认的自我局限信念，用完全相反的、自我激发的正面信念取而代之。

第五章的目的在于揭示自信的概念，那是一种能力，那种能让我们坐进驾驶座，满载着关于大脑想象的奇妙新发现，直接驶向我们的生活的能力。

第四步：巩固。最后，我们向斯蒂芬妮介绍了几种强大的技巧用来巩固那些新信念以及新的思考模式，让它们成为她心中永久的一部分，而不是稍纵即逝的短期信念。

第六章里，我们将会告诉你们如何完成这个简单的巩固步骤，并在几周、几个月后使用它来进行快速温习，以确保四步法则的影响在你身上保持下去。第七章里，我们将了解到使用四步法则来进一步清除障碍，激发你全部潜能的方法。而在第八章里，我们会罗列出几种辅助的简单日常练习，它们都是从我们多年的临床经验以及最新科研成果中淬炼出来的，将会帮助你开始你理应享受的丰富生活。

这四个步骤——确认，清除，重建，巩固——就是你将会从《快乐的活法》这本书中学会的核心要点。在这本书里，我们将会告诉你：这个步骤是什么，为什么它会有效，它是如何产生效力的，以及如何让它对你产生帮助。

当斯蒂芬妮离开我们办公室的那天，横亘于她心中多年的乌云消散了。那已经是几年前的事了。迄今为止，那些乌云都没有再回来干扰她的生活。

第一章
每个心理创伤的背后都隐藏着一个“事件”

该怎么应付自己的疯狂，
当你感觉自己疯狂到想要咬人，
当整个广阔的世界看起来一塌糊涂，
当你所做的一切似乎都一无是处？

——弗雷德·罗杰斯，《罗杰斯先生的邻居们》

你走在那儿，茫然地咀嚼着些零食，太阳照耀着，空气很温柔，轻风吹拂着你的后背。生活挺不错。

突然间，你听到天崩地裂的巨响。

你惊恐地望向地平线，只来得及看到巨大的黑烟和尘埃喷向天空，并延展成硕大的云烟。这一切可能会持续几天、几周，甚至几年。那烟云会遮天蔽日，并终将彻底改变你的世界。更有甚者，你可能无法活到看见它最终消散的那天。

哦，忘了告诉你一个细节：你是一只恐龙。

科学家这样告诉我们，6500 万年前，一颗行星撞击地球，进而导致了恐龙的灭绝。他们说，撞击产生的无数碎片进入大气层，导致了天空的黑暗，并将气候转变为如今被称为“核冬季”的那种状况，之所以如此命名，是因为这一切与引爆一堆核炸弹产生的后果很类似。

个人的创伤经历同样能够对人产生类似的后果，我们目光所及的皆是黑暗的天空，随后的严寒能够极速渗透我们生活的各个方面。

为了了解这一切是如何发生的，让我们一起来回顾一下我们的客户斯蒂芬妮的初次到访，导言中我们已经提到过她了。

斯蒂芬妮的第一枚25美分硬币

与斯蒂芬妮谈话的最初，当她描述起首次婚姻失败带来的恼人负罪感时，她不快乐的根源之一就显露出来了。尽管事情已经过去多年，她的痛苦却一如当年。事实上，从很多角度来说，甚至更甚当年。古语说："时间会治愈一切伤口。”但真实生活并不尽然。斯蒂芬妮的伤口并没有随着时间的流逝逐渐愈合，她的伤口日益恶化，越来越深刻地折磨着她的灵魂。

对于斯蒂芬妮来说，离婚是场行星陨落般的灾难。虽然事情发生在很久之前，但它带来的负面影响仍然在数十年后使她的天空变得黯淡。

这不仅仅是心理上的创伤。要知道，伴随着斯蒂芬妮逐渐分崩离析的个人与职业生活，她也已然经历了种种真实的生理创伤症状。我们一生中经历的创伤性事件会立刻在我们生活的各个层面打下烙印。我们谈论的这种创伤可以是生理上的、感情上的，也可以是心理上的。

有时，创伤事件犹如行星撞地球一般显而易见。根本没有花多少时间我们就从斯蒂芬妮那里听到她离婚的事情。她在与我们见面最初的几分钟就谈起了她的离婚。

而另外一些时候，创伤事件并不是那么一目了然。意义深远的事件通常发生在我们人生中那些尤为年幼敏感的时期，我们身边没有一个人在事情发生时予以留意。事实上，这些早期事件是如此模糊，以至于我们自己甚至都未曾留意或意识到它们产生的深远影响。

在斯蒂芬妮的案例中，如我们之前所说，她描述的那种挥之不去的罪恶感是她痛苦的根源——唯一的根源。但斯蒂芬妮的痛苦并非由离婚而起，离婚仅仅是加重了她心中早已存在的某种阴影，而那种阴影在她离婚之前就已经存在多年。

在谈话过程中，斯蒂芬妮提及了自己一生中一系列对她产生过影响的事件。当我们问及她的童年，她突然提到了一件事情。

“我不知道这事重不重要，”她说，“可能一点儿都不重要。”

这事微不足道，但是必须得强调一下，当人们以“我不知道这事是否真的有任何意义”作为回忆的开篇时，他们所提及的事件几乎无一例外都意义重大。

我们鼓励斯蒂芬妮继续她的回忆。

“嗯，有一次，我 7 岁时的一个下午，我帮阿姨搬了一些家具。结束工作的时候，她感谢我的帮忙，还给了我一个 25 美分的硬币，我想都没想过她会付钱给我。我当时激动极了，那是我这辈子第一次挣到钱。”她缓慢地摇了摇头，“你知道吗，大概有几十年了，我从未再想过这件事。”

她停顿下来，让遥远的回忆慢慢展开：

“我当时是那么自豪，迫不及待地要告诉我父母。我就那么跑回家，冲进房间，告诉亲人们我挣了钱，手里举着那枚25美分的硬币好让他们看得见。”

“可他们惊呆了。‘你以为你在干什么？！’他们大声训斥我，永远不允许从家人那里要钱！”

“我彻底垮了，”她再次停顿下来，陷入回忆中，然后补充道，“我觉得太羞耻了。”

斯蒂芬妮的父母毫无疑问有着良好的出发点，他们只是在将他们认同的良好家庭价值观传递给自己的孩子。但斯蒂芬妮从这次经历中获取的信息却是“挣钱是错误而且羞耻的”，并且深入骨髓。

50年之后，斯蒂芬妮失去了曾经成功的伴侣，并正以飞快的速度失去她的健康——除了那25美分带来的终生挥之不去的羞耻感之外。

这种看起来微不足道的小事为什么能够产生如此深刻而持久的影响呢？要回答这个问题，我们需要认识创伤的本质。

小事件，大影响

我们的现代词条“创伤”与古拉丁语的“伤口”同义。当我们谈到创伤，我们通常是指某个事件，从心理层面或生理层面曾深深伤害过我们，对我们的身心造成了持久的伤害。创伤的例子包括车祸、严重受伤、亲近的人的离世、某项关乎我们生存的威胁、战争的经历、住所发生的大火，等等。创伤事件是指那些重创我们并留下深深伤痕的事情。

当一件可怕的或是具有威胁性的事情发生时，我们的感觉器官——视觉、听觉、嗅觉，会将感知到的危险直接传输到藏在大脑深处的一对微小的杏仁形状的神经纤维组织——杏仁核。杏仁核会立刻将警告信息传递给大脑的其他神经，并由此释放肾上腺皮质激素，争斗或逃逸的压力荷尔蒙，比如皮质醇，降肾上腺素。（医学博士贝塞尔·梵·德尔·科尔克是世界医学界关于精神创伤方面的权威之一，他将杏仁核描述为大脑的烟雾报警器。）这些荷尔蒙为肌肉提供了瞬间激发的能量，与此同时关闭所有不必要的程序，比如消化系统以及免疫系统，另外额叶前部的皮层——大脑的前部、逻辑以及理性反应的系统管理区会就此变暗，也就表示，这个区域彻底地关闭了。

严重的创伤能导致深远持久的伤害，折损信任他人的能力并制造出大量深入骨髓的创伤症状，比如众所周知的创伤后压力失调症，也就是 PTSD。这些症状包括顽固记忆以及插入记忆、噩梦以及睡眠困难、勃然大怒或其他极端情绪表达、过度警觉、一定程度上的感情麻木等。

“等等，”你可能会想，“创伤后压力——你是指为一个 25 美分硬币挨了父母一顿训这种事吗？这也太离谱了吧？”

有道理。从表面上来看，与那些威胁到生命安全的暴力事件或严重的身体伤残相比，斯蒂芬妮遭遇到的父母训斥这件事构成了一个充分的创伤原因，这实在很难让人信服。她没有被体罚、被逐出家门，或受到任何形式的处罚，她没有受到任何身体伤害，甚至在多年之后，坐在我们办公室里的斯蒂芬妮谈及此事时，她自己都很难把这件事视为严重事件。

但它确实是创伤事件。不管是否有人留意到它的发生，不管当事人是否自己意识得到，这件事就像一颗行星已经重重撞击了斯蒂芬妮的世界，那些伴随撞击散落在她心理大气层的残骸碎片从未被清除。甚至现在，将近半个世纪之后，那些碎片仍然顽固地阻挠着阳光照进斯蒂芬妮的天空。

我们一直坚持无数次地利用四步法则帮助那些经历过巨大创伤的人。那些创伤不仅发生在他们的童年，也同样发生在他们的成人时期。在这本书里，我们会与大家分享一些不同寻常的故事以及康复案例。一件渗透你人生的创伤事件不必是非常戏剧化或显而易见的，表面不足为奇的事件仍然可以产生深刻持久的影响。

别忘了，在合适的情况下，制造一层不可看透的浓雾，其实仅仅需要一个玻璃杯的水量。斯蒂芬妮的故事并未构成我们普遍认知上的医学性创伤，而是另外一种更为危险的东西：微创伤。

微创伤是那种表面看起来无论如何不会被人当回事的小事情或经历，可想而知，这类事件也不会具有毁灭性。事实上，微创伤可能是非常温和的，以至于你认为自己早已彻底将之抛在脑后了。但其实你并未忘记，它就存在于你的记忆之中，正如斯蒂芬妮的记忆一样鲜活，能让她在与我们会面的最初就向我们一一道来，尽管她自己说，她已经有几十年没有再想起过这件事了。

这就是我们说这种微创伤事件比那些重大的创伤事件更为险恶的原因：它们藏身于无足轻重的无辜伪装之下。通常，微创伤事件都是那些看起来老套、无害的经历，回望过去，它们是那些我们很难将其界定为人生重大转折的事件。

而且，我们生活中的一些人，特别是那些我们视为权威的人，他们也经常忽略这些“微不足道的小事”，这加深了我们的判断——那些事不会对我们产生什么实质性的影响。

“别当回事，”他们这么说，“别跟个小孩似的。没什么大不了的！”我们于是也就相信了他们的话。“他们是对的，”我们也如此这般告诉自己，“那事不值一提。好吧，它是发生了，可那又怎么样？我早就忘了。”

但那事并非“没什么大不了的”。对我们来说，那就是行星撞地球的事件。而对于我们中的绝大多数人而言，那不是你能“不当回事的”事情。这些事情就像在你生活的大气层上罩上了一个令人窒息的毯子——直到你学会用简单的工具辨识它、消除它，它都一直会让你喘不过气来。

我们经常无法意识到，我们自己的微创伤带来的全部影响是有原因的。忽略这个创伤是我们本能的倾向，尽我们所能对它们置之不理，就那么继续生活下去，在某种程度上，这是一种健康的防御机能。我们将它们造成的影响最小化以便能适应它们从而继续生活下去。但有时，特别是当我们尚且年幼时，我们无法简单地将它们抛到脑后，相反地，我们只会更深刻地去挖掘它，这样，短期内我们似乎获得了平静，但付出的代价是长久的痛苦。

“你如何应付自己的一些疯狂的念头？”弗雷德·罗杰斯在他的流行儿童电视节目《乔治先生的邻居们》中这样问道。这是个很棒的问题，我们如何应付自己的疯狂？还有羞耻、尴尬、恐惧、惊慌、悲伤？

最具代表性的回答，是我们什么也不做。它们留存在记忆里，就像碎片带来窒息的烟云，阻挡了阳光，也让恐龙就此灭绝。

一阵海浪

作为年度研讨会的一部分，我们把所有客户带到海滩与海豚一起游泳。一天，大家正在准备下水，参与者中一个名叫亚历克斯的年轻姑娘找到我们说：

“有个小小的麻烦，我没办法跟你们一起下海游泳——我害怕。”

我们向她保证说这里的水域非常平静，也很清浅，一点儿也不危险。周边的水域里也没有鲨鱼出没。

“不，你们不明白，”她说，“我不是怕鲨鱼，我怕水。我的意思是，非常害怕。”

她对我们解释说，她这辈子都怕水——对水太过恐惧以至于她不能直接从玻璃杯子里喝水！如果她想喝水，她得用吸管。她只能艰难仓促地洗个淋浴，她唯一能接受的盆浴是用海绵擦洗，因为她无法接受坐进浴池里。

亚历克斯是与她的父亲一起参加的研讨会，正如我们之前大概解释过的那样，早期事件能触发深信不疑的个人局限信念，就此她的父亲与我们做了交谈。

“如果你们是问爱丽（亚历克斯的昵称）小时候发生的事情，我想我很清楚是哪件。”

亚历克斯3岁时，与父母一起来到海滩。当他们小心地步入海水中，一个小浪头扑来，淹过了小爱丽的头顶。

“我当时立刻就抱起了她，”爱丽的父亲说，“那是一瞬间就结束了的事情。她一点儿危险也没有。但从那之后，她就再也不愿意游泳了。”

造成亚历克斯创伤的原始事件本身前后总共持续了10秒钟，但它的影响却延续了20年。

我们立刻带她进行了四步疗法，当我们介绍时，她说：

“哦，这一切真是太奇怪了。”

“哪里奇怪？”我们问她。

“我感觉很不一样。”

她让她的父亲替她拿杯水过来——当着整个研讨小组的面，她做了一件过去20年来从未做过的事：她直接从玻璃杯里喝了水。那天稍晚些时候，她走进了海水，一直走到海水漫过她的腰际的位置。这个画面实在是太神奇了。

第二天，我们要去开放的海域，亚历克斯跟着大家上了船，有点儿紧张不安但很兴奋。当海豚游近我们，我们就跳进海水与它们一起游泳。突然间，难以置信的一幕出现了：穿着漂浮装置的亚历克斯，也从船尾跳进了大海。

她游得很好，就像这辈子一直都在游泳一样。很快她脱下穿着的漂浮装置，把它扔回船上，她跟我们大家一起与海豚游在一起。之后，在一位游泳助理的帮助下，她甚至做了20分钟的浮潜。她天生是个游泳高手。

为什么会这样呢？一旦我们能够把最初行星撞击的影响清除掉，与之相关的烟云残骸都会消散一空。

千百次伤害造成的死亡

有时，我们所指的“事件”并非是在特定的某个时刻、某一天发生的单一事件，而是在一段时间内发生的一系列经历。

凯特琳是个26岁的姑娘，有一天她的车子在高速公路上抛锚了。等了将近一个小时之后，拖车赶到现场。花了20分钟左右，维修师傅就修好了她的车，她又重新上路了。凯特琳付了修理费，驾驶得很安全。

但是，虽然车子没麻烦，凯特琳却有了麻烦。

几天之后，凯特琳意识到这件事诱发了自己对高速公路的恐惧。很快她就不敢再开车上任何高速路段、任何城市道路。不久，除了去隔壁的杂货商店之外（那是非常短的一段距离），凯特琳已经无法坐进车里开车去任何地方了。

她的朋友开始开车载她，但这还是不行。有一天，当一个朋友开车载凯特琳去上班，在经过一座桥的时候，恐惧几乎让她四肢麻痹了——而在此之前那座桥是她每天上班的必经之路，她已经走过千百次，从未有过一秒钟的犹豫。

凯特琳来见我们的时候，已经有了严重的障碍了。她无法开车去任何地方，在以“高速公路之都”著称的南加州，简直寸步难行。她无法上班下班，她的社交生活也因此大受影响。

凯特琳告诉了我们事情的原委，我们开始探寻她的童年发生的相关事件。

很快我们得知，凯特琳在一个完美主义的家庭中长大。在她童年时，家里首要的原则就是要整洁有序，一尘不染。她的父母一丝不苟，经常批评她。“你没有把你的床铺弄整齐！你把这儿弄得一团糟！你看看，你撒的食物！”每一次训斥，都是无关痛痒的小事情，算不上创伤。但日积月累，年复一年，所有这些累积成行星撞击般的巨大影响。就像被小刀割伤了一千次后的死亡，凯特琳的自我认知逐渐地被削弱，直到一个信息在她心里扎下了根：你没有一件事能做好！

当然，她用了相当长的时间来“忘记”这些从未停息的斥责，如今她长大成为了一个健康、能干的成年人。但这时发生了点儿事情。那天当她的车子在高速公路抛锚，她熟悉的那股“又弄砸了”的无助裹挟着整个童年时代的挫败感再次袭来，那个旧日的信息如同从酣睡中惊醒的巨龙，再次主宰了她。

需要意识到的很重要的一点是，凯特琳不断想着：“哦，看吧，我把自己撂在了高速公路上——我猜我父母真的说对了，我真是一件事都做不好。”而这是毫无理由的想法。这些想法只是旧日的信息，但那信息天长日久根深蒂固地扎根在她心中，就像我们想要避免的冰箱噪声一样，她听了太久已经完全意识不到了。

而就算她能够意识到，她也可能会把这些想法简单地归纳为犯傻。那个旧日信息在条件适宜的情况下就会浮出水面。她的车子抛锚了：这事能发生在任何人身上，不是吗？

悲伤会模糊掉理性逻辑思维。凯特琳知道自己是个聪明能干的成年女性，亚历克斯知道一杯水或者漫步海边不会伤害到她，斯蒂芬妮知道自己不是自私自利的坏人。

但仅仅知道这些是不足以得到显著改变的。理性的逻辑思考无法驱散那些烟云的残骸。

创伤共鸣

如果凯特琳能够在这么多年里表现正常，为什么一个偶然发生的高速公路抛锚事件就能够给她带来那么强烈的影响呢？我们大多数人这辈子都至少碰上过一次换轮胎或打电话叫拖车的事，我们都能把问题解决，也不会因此崩溃。为什么对她而言，事情如此不同？

原因是一个我们称之为创伤共鸣的现象。

如果你在吉他上拨下低音 E 的琴弦，你会发现高音 E 的琴弦也会随之振动，就像有什么幽灵的手指也在弹拨它一样。这一现象发生的原因是高音 E 的特殊振动频率是低音 E 的倍数。换句话说，它们是不同的音，但它们听起来非常近似。同样的道理，如果你在一架钢琴旁边放一把音叉，按下中音 C 以上的 A 调琴键，音叉也会随之振动。

这个现象叫“共鸣”，这个词本意是指“再次发声”。当两种不同表现形式的振动以相似的频率出现，我们说它们“与彼此发生共鸣”。另外一个描述这种现象的词条是“共鸣振动”。

音乐并非唯一反映共振的领域——想法与感觉，事件与环境也遵循同样的原理发生共鸣振动。如果你听到一种想法或观点让你感同身受，你可以说它与你产生了共鸣。

我们经常发现，童年的经历会在你心中留下印记，那个印记会被之后的人生中发生的事件加深或重新诱发，比如，车厢后部的噪声能激发战争的创伤回忆。

凯特琳的案例证明了这一点。由于与她早年形成的人生信条产生了强烈共鸣，她的高速公路抛锚事件激发了早期经历带来的影响，彼此之间产生了共鸣振动反应——就像偶发的感冒诱发大规模感染，或者一股强风激起灰烬中的余火重新燃起熊熊烈焰，凯特琳早期形成的那个负面信念又探出了它丑陋的脑袋。

同样的事情也发生在斯蒂芬妮身上。那个发生在她 7 岁时候的事件给她带来了深刻的不可估量的影响：自己很坏，很自私。成年后，痛苦的离婚又激发了同样的信号。由离婚产生的“我很坏，很自私”的信号是童年的斯蒂芬妮“我很坏，很自私”信号的清晰回声，斯蒂芬妮又再次承受了行星撞击地球的巨大创伤。

两个事件本身可能并无任何理性连接。但这不重要：因为它们产生了共鸣。

你自己的故事

四步法则的第一步就是要界定你个人的悲伤的本质，这就要从发现你过去经历中的行星撞击事件开始。

让我们放松一下，然后让你的大脑缓缓进入你的早期记忆。

当我们首次与一位客户会面时，我们首先要做的事情就是要回溯他的历史。人们经常迫不及待地想要倾诉，有时也能够直接开启第一步骤。在实验的早期，我们注意到我们会在整个会面中听到大量的个人历史，但对能够着重发掘的关键事件却一无所获。我们经常发现自己在会面结束时说出下面这段话：

“在我们下次会面前的这几天里，我们希望你能够写下你能回忆起的生活中最为重要的三四件事，事情发生得越早越好。”

我们很快发现，为客户提供明确方向，在最开始就让他们去做那项回忆作业能够更有效地帮助我们的客户。

所以现在请你也开始这么做吧。

花点儿时间仔细回想一下你能记起的最早发生的事件。无论大小，重要或者不值一提，都没关系。你能想起的最早的经历是什么？

你不必冥思苦想。就在早期记忆的池塘里游上一会儿，写下能想起的事情就行了。

开始吧：放下你手中的书，看看能回想起些什么。

你已经结束了吗？很好！那么现在再次做同样的回想，回忆一下你童年时代的其他记忆。

现在，最后一次，写下你想起的事情，再次沉入童年记忆，尝试第三次回忆往事。

逐个浏览这三次回忆结果，问问你自己，总体来说，这是比较正面的记忆还是较为负面的记忆？

你可能想起一些快乐的往事，滑了一个下午的雪后烤火取暖，祖母烤饼干时的烘焙香气……但很可能首先跃入你脑海的那些早期事件并不那么令人愉快。

为什么？因为我们有种先天的倾向，更容易记起那些生活中的痛苦。我们的大脑对与强烈情绪相关的经历印象更为深刻，对负面的痛苦经历的印象也比积极的经历更为持久，很可能你的三段记忆中至少有两段是不那么愉快的。

从某种程度上来说，这种倾向是健康的——它的目的是为了让我们得以生存。能够准确记得在森林的什么地方你发现过很棒的野果以及美味的蜂蜜是非常有益的——但是，能够记得在哪里你曾经与一头饿虎狭路相逢又侥幸逃脱却更为重要。我们经常通过一次可怕或痛苦的遭遇学习到我们最为宝贵的最初经验。一旦你摸过滚烫的火炉，“别碰那个！”就是一个强过所有语言的信息。

事实上，一件滞留在你脑海中，让你留有清晰记忆的事件并不一定代表它对你产生过持续影响。很多时候童年时期的困难不适，真的仅仅是些单纯事件而已，并未对我们产生长期的伤害。负面经历从某种角度来说是我们学习经验的方式。有时一杯水就仅仅是一杯水而已。

然而，正如我们看到的那样，有时一些负面事件在很久之后，仍然会持续对我们施加影响，哪怕那对我们吸取经验教训已经毫无帮助。这些负面事件就是我们要寻找的记忆。

评估

从过去经历中选取的三段记忆可能包括一件或一件以上我们寻找的关键事件，但也可能都不是。让我们一起来看看如何更为系统地评估它们。

问问你自己：

哪些我能想起的童年时代的痛苦不快的事件、经历曾对我产生过强烈深刻的影响?

人们经常会立刻发现那些极为不同寻常的事件经历。那些经历通常是人们多年来未曾过多考虑过的，就像发生在斯蒂芬妮身上的一样。

“现在你提到这件事，”我们会听到客户们这么说，“是的，我小时候是发生了点特殊的事，但我好多年都没有再想起过这件事了。”

我们经常听到人说：“那件事真的不值一提，但是……”往往接在“但是”之后的叙述却都非常值得一提，这一点千真万确。

另外一种人们经常会使用的表述是：“嗯，我不记得那么多事了……”而接下来，当他们开始追溯一段往事，这会开启他们的另外一段回忆，然后是再下一段，很快他们就会发现他们记得相当多的事情。这有点儿像你在毛衣袖口边缘发现了一个半英寸的线头垂了下来，你毫无目的地拽了一下——在你意识到这一行动的后果之前，这件毛衣的袖子就被你给拆了。

下面有些关于普通创伤经历以及微创伤经历的例子来帮助你探索回忆，帮助你辨识那些留下印记的早期事件。在浏览这个清单时，核对一下哪些是与你自身情况相符的条目。

● 我曾经病得很重。

● 一个家庭成员曾经病重。

● 我曾经住院就医。

● 我的父母离异或者分居。

● 我父母，或祖父母中的一位去世了，或其他家庭成员，甚至是与我关系亲密的某个人。

● 我的宠物死了。

● 我的父母与别人一起离开了我（哪怕只是很短一段时间）。

● 没人管我（在超级市场，在祖父母家中，以及诸如此类的场合）。

● 我失去了一个朋友（他或她搬家了，转学去了别的学校读书，等等，诸如此类的情况）。

● 我家搬家了。

● 我遭遇过车祸。

● 我曾落选过。

● 我曾经被人取笑。

● 我曾经被我尊重的某人批评或训斥过。

● 我的家庭缺乏沟通或情感交流。

● 我因某种巨大的失望而感到过深深的痛苦（经历过背叛，或哪怕是无伤大雅的事件，或即便对方有很合理的原因）。

● 我被打击或惩罚过。

● 我记得我的父母互相咆哮或吵架。

● 我曾因为一只狗（或其他动物）有过非常可怕的经历。

- 某位我尊重、信任的人背叛了我。
- 我爸或我妈再婚了，然后突然间，我家里多了个陌生人（继父母，同母异父或同父异母的兄弟姐妹）。
- 我被人欺负。
- 我觉得自己与其他同龄孩子不同（在身体发育、能力、智力等方面）。
- 我经历了生理变化（生长期，青春期，生理发生残疾或其他变化）。
- 我被人羞辱或感到自惭形秽。

在你浏览这份清单时，可能两到三个表述会跃入你的脑海，并可能就此引发你的某段记忆。

如果你还另外想起别的什么，我们希望你能大致把它们记下来。你不必记下太过细节的东西，简单记下几笔能让你分辨的词语就足够了。

另外，当你分辨出一些发生在过往的早期事件时，我们并不需要你在回忆里摸爬滚打弄得一身狼藉。关键是要避免再次经历与那些过往事件相关的感情或情绪，只是简单地辨识那些事件，能清楚地知道那些究竟是些什么事，并能轻松、快速地谈论分析它们。

通常最佳的方式是想出一个短语，一两个单词也可以，用它们来作为事件的参考。

“7 岁生日”

“在操场上受伤”

“祖母去世”

“搬家”

“车祸”

“从树上摔下来”

“二年级的时候住院”

对于斯蒂芬妮来说，那就是“我的第一个 25 美分硬币”。对于凯特琳来说，那就是“被批评”。对亚历克斯来说，那就是“海浪”。

在你确认这些早期记忆时，最好能记下它们，因为当你进行四步法则的步骤时会需要用到这些。

如果你还不能确定某段回忆是否重要，不用担心，我们等一下会来进一步探讨这个问题。现在，不管你想起了什么，我们就从那里开始。

现在开始，确认那些早期记忆，并把它们书写下来。

成年时期的经历同样重要

并非所有的行星撞击事件都发生在童年。有时，青少年时期或者成年时期发生的痛苦事件也会在我们以为自己早就将其抛到脑后的时候，仍旧持续对我们产生强大的影响。

确认这些近期事件对我们非常有益，原因有两点：首先，成年时期的创伤事件可能是造成你目前问题的重要原因；其次，这些近期事件可能会为那些更为久远的事件提供线索，比如斯蒂芬妮的离婚。

在浏览下面这个清单的时候，回想一下在你青少年或成年时期是否发生过任何的痛苦经历，大致地把它们记下来。同样核对一下是否有与你的情况对应的条目。

● 我遭遇了事故或身体残疾。

● 我经历了一次健康危机。

● 我出现了一个慢性健康问题。

● 我经历了一次离婚。

● 我经历了一次痛苦的分手或不良关系。

● 我破产了，生意失败，投资失利，或其他财务上的困难。

● 我遇到了贼或被抢劫了。

● 我失业了。

● 我失去了我的家庭。

● 家人离世。

● 我失明了，或失聪了，或其他生理、心理上的残障。

● 我失去了一个亲密的人（由于死亡、意外流产、人工流产、关系疏远或其他经历）。

更多过去的线索

如果你什么也想不起来，或你感觉你从未遭遇过任何不同寻常的事情，也不要紧，慢慢来。这些回忆通常需要花点时间和耐心从往事的池塘中打捞起来——特别是我们人生最初的那些年头。

我们有意识地去回忆三四岁之前的经历的能力非常有限（具体原因我们会在第五章中探讨），哪怕是三四岁之后的相关回忆也是如此。整个童年时期的记忆具有与我们成年时期的记忆截然不同的特点。

下面几个要点可以帮助我们进行对过去记忆的探索。

询问其他人

向亲戚或家庭成员询问——那些从小就认识你的人，你可能不记得那些曾经发生在你身上的重要事情了，而他们可能记得。

我们有一位对医院有恐惧心理的客户。我们发现，他 3 岁的时候，曾经独自被急救车送去医院，没有父母或其他家庭成员在场陪同。他自己记不起这段经历，他真的是彻底忘了。他完全不知道这事曾经发生过。直到有一天他与母亲谈话时，母亲说道："哦，你还记得吗？你 3 岁时……"然后母亲告诉了他发生了什么。

还记得让亚历克斯对水产生致命恐惧心理的事件吗？是亚历克斯的父亲告诉了我们那个故事，并不是亚历克斯本人。事实上，她自己甚至对那天发生的事情，或那天她与父亲在海水中发生的事情并没有清晰的记忆。

你没有清晰地记得某个事件并不意味着它不曾发生过——也并不意味着那个事件不再对你有强大的影响力。如果有什么事件是你自己并不记得，但你从某位从小认识你的人那里听说的，那么同样把它记录下来。

累积的创伤

正如凯特琳的童年一样，有时并非是单一事件的影响对我们造成了创伤，而是许多事件累积起来的影响对我们造成了创伤。并不是一次行星撞击导致了核冬季，而是逐渐发生的影响最终导致了整个气候的骤变。例如，你在学校里遭受的日复一日的蔑视，不停地被羞辱；犯了点小错，比如有一天你洒了牛奶，另外一天你扣错了衬衫纽扣，诸如此类无关痛痒的小错，就被你父母无休止地责备。

我们接下来会看到更多关于累积创伤的案例。这是非常普遍的现象。

各种类型的创伤

有时候，我们会被那些并非亲身经历的，而是发生在与我们亲近的人，甚至只是我们认识的人身上的经历深深影响。比如：

我的兄弟或姐妹被伤害。

我的父亲失业了。

我朋友的父母离婚了。

一个邻居的房子被损坏了。

学校里的一个学生生病去世了。

……

我们经历过的各种类型的事件会对我们产生自己可能完全无法意识到的深远影响。

评估影响

有时，在这个步骤中，人们会说：“我已经记下了至少半打的事件了，我怎么能知道哪些事件真的算创伤事件呢？我怎么知道哪件事对我的影响最大呢？”

在第三章中，我们将会探讨一个用来确定哪些事件至今仍然对我们产生着最大影响的神奇方法。但进行分辨时更多的是依靠一种直觉，当你有感觉的时候一切会容易到让人吃惊的地步。总的来说，没有人比你自己更了解自己。

对初学者来说，就是看看你的清单上最先记下的那个事件。

做几次深呼吸，回想一会儿那个事件或经历。与此同时，留意你自己是否感到任何的情绪变化，或任何与事件经历相关的刺痛感。不要试图分析它或试图搞清楚它代表什么。目前，我们要做的就是努力确认那个事件是否对你产生过长期的影响并仍旧对你的生活产生影响。

再次重申，你记得一个痛苦的事件并不意味着它一定会对你产生过长期的负面影响。许多人都被嘲笑过（谁没有过？），搬过家，失去过一段友情，或被严厉地批评过，可他们却并不曾被这些事件长期影响。如果一段记忆仅仅是你成长过程的一条信息，一个当你回忆起时不会伴有任何强烈感觉的过去事件，那它可能就不会对你今天的人生有任何重要意义。

但如果你有一段记忆即便在今天回想起来仍然感觉很不舒服，那这就可能是你负面信念的源头了。如果你对探索它感觉抵触，也同样可能意味着这段记忆对你具有意义。

另外，这并非是一个让你觉得自己是否拥有一个快乐童年的问题。我们目睹过上千名客户用总体正面的词汇来描述他们的童年，但这并不代表他们的童年时期就没有发生过某个事件曾经给他们带来长期的痛苦。

同样，我们也曾经目睹过上千名客户的早期经历简直就像狄更斯的小说所描写的那样，充满着不可思议的困难以及艰苦，但这些人仍然从这些早年的苦难中脱离出来，成为健康、完整、快乐的人。

写下来

可能你会希望能够通过写下对某一段记忆的细节描述来帮助你更为清晰地回忆。闭上眼睛，尽量回想究竟发生了些什么，然后睁开眼睛把它们都写下来。

或者，可能你觉得仅仅回忆与事件相关的感觉更好，不必涉及细节。这也没有问题，怎么样都可以。用任何你感觉最为简单、自然的方式来回忆这些往事就可以了。

大声说出来

大声说出来也会对你有所帮助。当一些客户告诉我们他们的发现时，很多时候，大声说出来会让他们能感觉到那些记忆给他们带来的影响力。

你也可以这样做——哪怕是你自己一个人做也可以——当你确认了过去经历中的某件事对你产生过影响，简单描述它，并说出声来，就像你对着某人倾诉一样。对着录音机说出来也是一个好办法。

寻找共鸣

有时候，你会立刻发现过去的某个事件与你今天正面临的某个问题有着清晰的关联。

我们的一个朋友小时候从树上跌下来摔断了一只胳膊。成年后，他对看医生有着非常严重的不适；事实上，哪怕就是闻到消毒水的味道都能让他手心出汗。他从不知道原因——直到他不经意间说出他第一次走进医生办公室就是他摔断了手臂的那次。

一个客户在她 6 岁时非常害怕邻居后院的一只大狗。虽然她从未被狗咬过，但那只狗总是在她经过时狂吠。成年后，她就对任何不熟悉的地方或情况产生了强烈的恐惧。

你发现了这些事件之间的联系了吗？这就是创伤共鸣。

当你在思考你的清单上的每一段回忆时，问问你自己，那个记忆与你目前生活中的某些问题有没有什么联系。

一有疑虑就记录下来

尽你所能地确认那些对你的生活产生强烈负面影响的事件。你可能不记得所有，但如果你在阅读之前清单上的任何一条陈述时感觉不舒服，那么很可能你不是忘记了当时的情况，就是在多年前从意识中刻意删除了它。那么就把那条描述认作是与你相符的。

如果你没有发现任何明显的共鸣，不要担心。哪怕你无法发现早期事件之间的任何关联，也不管你目前正在面临怎样的问题，纯粹的事实就是你记得这些经历。事实就是当你与自己对话时，你想起了这些经历，那么我们建议你将这些经历视作对你有特殊意义的事件——写下它们。

如果你对之好奇，如果你感觉没有彻底解决它，或者它就是很简单地让你印象深刻，哪怕没有明显的理由——写下它们。

你与生俱来的快乐密码

如果你现在已经有了一个早期事件的清单，但并不百分之百地确定哪一条是对你影响最大的事件，不用担心：你已经有了充足的资料来发现它了。

这正是四步法则的美妙之处：它的宽容度极大。换句话说，你不必担心你是否“做对了”。哪怕你只有一条小信息，整个步骤仍然可以进行下去，可以开始清除那片悲伤的迷雾。

为什么？因为人类天生具有自我矫正的能力。

人类生来就具有自我矫正的能力，科学上称之为“生理平衡”，通俗点说就是：无论我们的平衡如何失控，我们都拥有强大的恢复平衡的本能倾向。这就解释了为什么我们的体温通常维持在 37 摄氏度左右，我们血液的酸碱度通常保持在 7.35 左右。我们在情绪方面也遵循同样的原理。我们天生就有一个情绪平衡的范围，我们的身体组织强烈希望保持这个水平，哪怕稍作努力，这个平衡就会被找回。清除生活中那些更为痛苦的阻碍物，也是同样的道理。这就像是与生俱来的快乐密码。

为了证明这个内在倾向如何强烈地希望为我们找回情绪平衡，以及四步法则将如何坚定地帮助我们实现这个平衡，在进入下一章节之前，我们将与大家分享另外一个故事。

大卫的突破

几年前，有位叫大卫的记者因为一个故事来采访我们。当我们描述自己的工作时，我们让他想一想有什么事情困扰着他，我们可以帮助他清除，以此来证明我们的工作。他想了一下，然后说：“好吧，我想我是有些困扰。”于是他把自己对前一段婚姻的憎恶告诉了我们。

我们带着他进行了四步法则，然后询问他的感受。他耸耸肩说：“没有什么改变，真的。稍微轻松了点吧，我猜，但没有什么明显改变。反正这个事情之前也没让我太苦恼。”

我们继续完成了采访然后告别。

第二天晚些的时候，我们接到了大卫的电话。他的声音在电话里听起来特别兴奋。“你不会相信发生了什么！”他说，然后告诉了我们那天早些的时候发生的事情。

那个早晨（我们碰面后的第二天早晨），大卫根据约定开车去附近的一个酒店采访一位作家。可是事到临头，大卫的采访对象由于突发事件必须回家，于是他在酒店留下口信问大卫是否介意开车去他家进行采访。

大卫的心顿时提到了嗓子眼儿。采访对象的家不在附近区域，大卫开着一辆租来的车，没有定位系统，他也不认识去那儿的路。大卫的采访对象住在兰乔圣菲，距离大卫所在的地方有半个小时的车程，那是一段曲折迂回的长路。

那还不是最糟的。未知或不熟悉的道路方向恰恰是大卫心理上的致命弱点。

“我这一辈子，”大卫对我们解释说，“对于道路方向一直都是恐惧得不得了。如果我必须开车去一个我之前从未去过的地方，一个人，没有向导，我会紧张到麻痹。就算我有一张很棒的地图、明确的方向都不行。当别人开始向我解释如何去一个地方时，我的大脑就关闭了。我听不到他在说什么，什么也记不住。”

同样糟糕的是，酒店的工作人员只能给大卫提供模糊的方向。大卫没有清晰的地图或方向，很确定自己会在几分钟内陷入迷路的无助之中。

“要知道，”他说，“我不仅没有迷路，我连一刻的紧张都不曾有。我摇下车窗，欣赏沿途的美景，放松地就那么一路开，我完全没有恐慌，一刻都没有——而且我毫不费力地就找到了方向。我知道这听起来挺傻，但这在我身上从来没有发生过。”

记住，我们并没有特别针对大卫的这个问题进行过治疗。事实上，我们根本就不知道他有这个问题。他对我们只字未提。我们以为我们在针对某一个方面对他进行帮助，但大卫与生俱来的生理平衡机能在合适的机会跳了出来，矫正了他另外一个完全不同的问题——一个我们根本不知道存在的问题。

这就是四步法则的灵活性，以及它的巨大力量。

现在，你应该已经筛选出一段或一段以上的记忆可供着重分析了。在第三章，我们将会重新谈到这种自我评估，并教会大家一个评估这些过往事件对你的生活产生了多大影响的神奇方法。但首先我们要来看看第二章。

目前为止，我们一直在着重于行星撞击事件本身。现在是时候把注意力转移到那些负面信念的烟尘上了，让我们来清楚地了解一下它们是什么样子的。

第二章
七条最容易陷入的“自我限制信念”

你会相信谁？我还是你自己的眼睛？

——奇科·马克斯

真是难以置信，我们震惊地看着一个高大的男人趴在地上靠手和膝盖爬行，他缓慢地爬了差不多 50 英尺，直到我们到达小电梯走廊的尽头。那个时刻，他才能够重新用脚站立，尽管还是颤颤巍巍的，但终于能够跟我们一起重新正常行走了。

当时我们与朋友克雷一起参加一场会议，我们正从会议中心的一头走向另一头，得穿过一个悬空在草地上方大约 20 英尺高的封闭走廊。走廊四周的透明玻璃窗展示了周围恬静怡人的景色，窗户是严丝合缝地关着的，根本没有任何摔下去或者绊倒的可能，而且退一万步说，就算发生了意外，最了不得的危险也不过是从 20 英尺的高度落到一片柔软的绿茵草地上。

但这些对克雷来说都于事无补，他对高度的恐惧如此强烈，以至于他真的就只能那么身体紧贴地毯爬行而过。

目睹他如此反应极端地贴地爬行已经足够怪异了，而更为怪异的是，我们清楚地知道克雷的职业。他是一名退役的战斗机飞行员，而当时更是一条主要航线的专业飞行员。每周克雷都会驾驶着波音 747 飞机往复穿越大西洋。

我们问克雷，为何他能够驾驶载满乘客的飞机飞行在 3 万英尺的高空毫无惧意，而区区 20 英尺高的草地上空的密闭走廊却能把他吓成这样？

“机舱是我的办公室，”克雷说，“当我走进驾驶舱，我很清楚我需要做些什么。我受过良好的训练，我知道我可以掌控局面。我知道这理由很牵强，”他补充道，“但这是我能做的最好的解释。”

在操控波音 747 飞机的时候，克雷可以依赖自己的训练和技能，但在驾驶舱之外，他被另外一种力量摆布。克雷告诉我们，从封闭的悬空走廊走过去，他明明知道理论上自己很安全，他的眼睛也告诉他一切安全，但无论是眼睛还是他的知识都无法改变他的信念。

克雷有一位可怕的父亲，那个男人严重酗酒，经常暴怒，因为一点儿小事就殴打自己的儿子。克雷的少年时代整天如履薄冰，经常不知道什么时候又会被一把推入暴力的深渊。他 14 岁时离家出走，再也没有与父亲说过话。

作为一个成年人，克雷是我们遇到过的最慷慨、最讨人喜欢、最聪明完美的人之一，并且，他成就了非常成功的飞行事业。他高超的飞行技艺如同一盏探照灯，驱散了他少年时代的黑暗。可在他无法运用自己专业技能的时候，那熟悉的旧时阴影会再次操纵他，映照出他早年形成的核心信念——我身处危险之中。

贯穿我们一生的线索

运用先进的大脑想象原理，特别是功能磁共振成像原理（FMRI），科学家在过去20年里在大脑物理运行原理方面取得了惊人的突破，并且证实了这些原理在真实生活中的表现。

在即时脑扫描问世之前，科学家相信细胞分裂过程中会产生新的脑神经，叫作“神经再生”。神经再生在人的幼年时缓慢进行，在成年后完全终止。同样，“神经重塑”的过程，即大脑对我们的经历进行回应过程中发生的形状结构的改变能力，直到不久前仍被认为是儿童时代的独有现象。

但这种认识被彻底推翻了。过去20年戏剧化的科学研究发现显示：神经再生以及神经重塑会持续贯穿人的一生。不管你多大年龄，你的大脑对制造全新的神经中枢通道完全没有问题。

当一件事情发生时，我们对它的感知通过特殊的连接，以一种特殊的神经灼烧形式发生。在一些情况下，这不仅仅是单纯的通过现存神经网络的电化学脉冲发生的，还涉及新的神经连接以及神经网络。换句话说，大脑可以针对全新信息转换脑电波，信息的力量越强大越感性，比如曾经发生的创伤性经历，新的神经连接就会越迅速越显著地发展。而这个信息越是多次被重复，这些新的神经通道就越容易形成。

想象一下山顶上下雨的画面。雨水会从山顶经过山的侧面流下，在地面形成水流；每次下雨，雨水从山顶流下，都会把冲下的小径加深，最终这些小径汇成小溪，甚至河流；如果遇到强烈的雷雨，湍急的小瀑布在冲流下山时还可能形成更深的溪谷。

这些与克雷在回忆自己与父亲的痛苦经历时，神经网络发生的变化非常类似。每当他对那些可怕的难以忍受的咆哮和殴打做出相似的情感以及心理回应时，都会强化一种独特的神经灼烧模式，那种模式会诱使他最终做出“我身处危险之中”的结论。

这种现象在神经学中被称作：一焚俱焚（Synapses that fire together, wire together）。

这绝非信口开河。这是千真万确的事实。通过重复，针对某个事件的初始反应被一再强化，使得我们的神经产生新的神经组织，编织成一张愈发密实的神经光缆。最终那个初始反应成为坚固的神经网，代表了我们一种感知周遭事物与世界的固定方式。

用另外一种比喻来描述就是：想象一下家里的植物追随太阳方向改变生长方向的画面。同样的道理，我们的神经网络会根据我们最感性的想法和经历来改变方向。这就是我们形成信念的方式：我们自己植入了它们，就像大脑的一个生机勃勃的植物园。

信念比感受更强烈，比想法更深刻。信念是深植于我们神经网络中的，已成为自动反应的思考模式，如同根深蒂固的思考习惯，它们是我们心理大厦的基石。

在帮助千百名朋友走出他们自我局限的信念的过程中，我们发现了七种最容易陷入的模式，我们把它们叫作“七种常见的自我局限信念”：

1. 我在不安全之中
2. 我没有价值
3. 我没有能力
4. 我不可爱
5. 我无法信任任何人
6. 我很糟糕
7. 我孤身一人

在这一章中，我们将会逐一研究这七条自我局限的信念，尽可能地全面理解它们，它们的表现形式是怎样的，什么样的经历会引发它们。

我在不安全之中

还记得大卫吧？那个害怕开车去陌生地方的记者。后来我们又和大卫见面了，并对问题进行了更深一步的探究，试图帮助他找到恐惧的根源。我们询问他是否有任何发生在早年的事情是引发创伤的诱因。

“哦，”他说，“我不知道这事有没有关系（再次重申：这就是所谓‘这事可能不值一提，真的’的那段表述），但我5岁时，有件挺怪异的事情发生过。”

大卫5岁生日后不久，他与父母以及哥哥去欧洲旅行。他们在一个电影院门口，就要走进去看电影，那将会是大卫平生第一次看电影。当父母走到柜台买电影票的时候，大卫和哥哥站在几米远的地方，看着玻璃橱窗内的电影海报。

突然一个驼背的年老女人出现了，她伸手拉过大卫，柔声说：“过来，过来，我带你找爸爸妈妈去。”她随即就开始带着大卫走过街道——离开了电影院。又害怕又不知所措的小大卫感觉自己被她拉走了。

很快，两个伦敦警察出现了。其中一个温和地拉着年老女人离开，另外一个带着大卫回到他父母那边。警察们很熟悉那个年老女人，第二个警察对大卫的父母解释说，多年前她失去了自己的孩子，这已经不是她第一次试图“借走”别人的孩子了。

整个未遂的绑架历时不到6秒，从那个老女人出现到大卫被警察安全地带回父母身边。

“事实上，”大卫说，“我几乎记不清整个事情了。我模糊地记得那个老女人的声音，至少我觉得我记得。但我能记得这个事情的唯一原因是听到我妈妈说起这件事。如果这事对我造成了什么大的创伤，那我的记忆不是该更清晰些吗？”

并不一定。发生在早年的事件，即便是诸如此类的创伤事件，也可能很难记得一清二楚。尽管大卫不记得任何细节，但关于这事的记忆仍然深刻地印在大卫的脑海里，并在他年幼的大脑中形成了一个留存至今的信念：我在不安全之中。

当我们降生到这个充满新视野、新声音，充满危险与机遇的世界，我们最优先的本能就是学会如何保护自己。自我保护，生存下来的冲动是所有本能动力中最为强烈的一种。这种冲动起源于最基础的心理层面，随着我们逐渐长大，它逐渐延展到我们的情感生活以及自我身份认同中去。最终，当我们长大成人，我们中的大多数人有了自己的孩子，那种保护的冲动就会延续到我们的家人身上。

但不论我们如何警惕，不管是我们自己还是我们爱的人，这个自我保护的网络不可避免地会在某些时刻失去效力。我们都经历过这种时候，无论是一段时间或是短暂一瞬，当我们知道我们不安全，当我们的自我防御不够强大，我们会感到自己受到了某种威胁。

而不论这种生存威胁确有其事抑或只是我们自己的感受，对于这种经历对我们造成的影响来说都没有区别。当这种威胁感对我们的情感环境造成行星撞地球般的影响时，随之产生的后果就是：我们将会被一种顽固的信念左右，永久地处于对自身的安危过度警惕、心神不宁、焦虑不安的状态，哪怕我们的周围根本没有任何理性上看可称为威胁的事物存在。

杰尼斯是一位快 30 岁的单身妈妈，她向我们求助是因为她有睡眠障碍。不仅仅是入睡困难，即便睡着了，她也很容易被轻微的声音再次惊醒。她经常幻听并被各种不合常理的恐惧困扰。她为此筋疲力尽，几近崩溃。

在我们的首次会面中，我们试图挖掘杰尼斯的历史，但她想不起来任何可能导致今天局面的事件。我们给她布置了家庭作业，让她在一个星期的时间里回忆她的儿童时代，并写下两到三件发生过的早期经历。

一周后，当她再次与我们会面时，她非常确定地讲述了一件她回忆起来的往事。

当她还是个孩子的时候，有个夏天他们全家出门度假了，回来后她的父母确信有人在他们离开时闯进了家里。没有丢什么值钱的东西，也从来没有任何清楚有力的证据证明这起破门而入事件真的发生过。但这事在杰尼斯心里留下了深刻的印象，她把那种印象描述为一种暴力感。

经过大概一周的四步疗法，杰尼斯开始感到平静，并能够在夜晚入睡了。

在这里需要特别注意的是：杰尼斯自己并未经历过那起危险事件，且对那个事件本身是否发生过还存有疑虑。不管怎样，她的父母相信事情发生过，而杰尼斯对父母感到暴力发生的经历已经足够对她产生长期的影响。

还有一点很有趣，那就是杰尼斯开始时想不出任何过去的经历可能会导致她毫无理性的恐惧。关于她父母相信发生过的“破门而入”的记忆，她花了点时间专心努力地回想才回忆起来。

这样的情况很常见，我们在布兰达的故事中同样发现了类似的情形。

布兰达 60 多岁了，她来找我们是因为她非常害怕桥梁。作为一个健康、能干、完全自立的人，布兰达无论如何就是无法驾车或者步行穿过任何一座桥，就连乘电梯都非常困难。尽管从理智上来说，布兰达知道电梯或者桥都非常安全，但她的理智完全无法战胜她内心对这些事物的深刻恐惧。

我们开始探究她的童年并询问她小时候是否经历过任何重要事件让她感到不安全。就像杰尼斯一样，布兰达起初想不起任何事情。最后，在她把各种童年往事说了个遍，大概在谈话持续了一个半小时后，她一脸吃惊地说："哦，对了……"

原来布兰达的妈妈在她 9 岁时就去世了，很快，她的父亲开始虐待她。她记得有一天，父亲喝得烂醉。他们产生了争执，然后他开始扼住她的脖子。她用尽全力大叫，路过的报童听到了呼救跑去邻居那里叫人帮忙，邻居们来到布兰达家制止了父亲对她的严重伤害。

"如果我的邻居们没有赶来救我，"布兰达说，"我肯定已经被他杀了。"

布兰达 13 岁时，为了躲避父亲离家出走了。她自己生活了几个月后，给一个牧师打了电话，仅仅是想跟一个人说说话。牧师承诺会保守秘密，于是布兰达告诉了他自己的住址。但牧师撒谎了，他立刻通知了警方，警察找到布兰达并强行把她送回了父亲那里。

难怪布兰达觉得不安全！同样难以置信的是，她把这个记忆从大脑中抹去了。不是说她真的忘记了，她知道发生过什么——但多年来她就是单纯地避免想起这些。这种情况比你能想象到的更常见。

作为一个成年人，布兰达学会了如何照顾自己，保护自己——但从情感层面，这些往事造成的影响始终留存在那儿，当她面对任何她无法掌控的事物时，都会产生一股让她无处逃避的惶恐，哪怕是面对一座小桥。

对有些人来说，这种“我在不安全中”的信念以某种非常特定的恐惧形式出现，比如大卫对未知地区的焦躁，杰尼斯对夜晚声音的恐惧，还有布兰达对桥的恐惧。但对于另外一些人，这种信念表现为一种普遍的焦躁、神经质或安全感缺失。这些会把我们引向绝望，害怕任何新事物，害怕任何能够将我们的生活变得更好的尝试。

下面是一些关于这种信念的表现形式：

- 我无法保护自己
- 我在危险之中
- 我周围的任何事物都是危险的
- 对我来说没有任何安全的地方
- 我不堪一击
- 我不能流露我的情绪
- 我被遗弃了

今天就花点时间回忆一下你生活中发生的点点滴滴吧，看看有没有与上述情况对应的事情。

我没有价值

几年前，我们就四步法则的原理举办了一场讲座。在谈到如何利用生物电学进行清除的技巧（我们将在第四章了解这个技巧）时，我们需要做个演示，我们征求自愿参加演示的观众。第三排的座位上站起一位女士，自我介绍说她的名字叫吉娜，是一名律师。

我们让吉娜选择一个主题来练习，但不必告诉大家。她不假思索，眼睛都不眨地说："我已经知道怎么做了。"她没有说出来具体的事情。

我们论证了四步法则的一些要素。由于我们对她的过往负面经历以及当下纠结的自我信念一无所知，我们显然无法进行确定"身份"的步骤。我们简单地要求她想一想她一直在因为什么而痛苦，然后继续了下面的步骤。

演示结束后，吉娜回到了自己的座位，之后我们没有再见过她——直到一年之后她出现在我们的办公室，说她想告诉我们那场讲座之后的几个月里发生的事情。

尽管她向我们解释了她是谁，我们仍然对她没有印象。

她告诉我们她是被一个永远在批评她的父亲抚养长大（尽管她之前从未意识到），而这给她刻下了不可撼动的感觉，那就是自己毫无价值，一无是处。成年后，她嫁给一个继续以类似模式对待她的男人，可以说她被丈夫长期用言语虐待，最终升级为身体虐待。

"当你在讲座上谈到我们常会遇到的几种自我限制信念时，"她告诉我们，"其中一种信念就是觉得自己没有价值，这触动了我。我的丈夫以非常恶劣的方式对待我，由于我自己感觉自己没有价值，我也就那么任由他虐待我。"

但在吉娜参加我们的演示的那天之后，一切停止了。

"那一天改变了我的生活，那之后，我停止了忍受这一切。实际上，我已经申请离婚了。今天，他已经从我的生活中消失了。我意识到我是有价值的，没有人可以把我当作废物对待——哪怕我自己都不可以。”

这引出了让吉娜困扰多时的问题：她的体重。

几年前，为从丈夫无休止的虐待中逃离，她开始暴饮暴食。我们在讲座中遇到的一年之后，吉娜大概减了将近 100 磅（1 磅约为 0.45 千克。——译者注）的体重。这也是开始时我们没有认出她的原因。

之后的几个月，她又继续减了 50 磅的体重。现在吉娜经营着一个有关营养品以及个人健康业务的公司，通过工作她帮助了数百名女性重新找回了自我价值。

自我价值是个很脆弱的东西。刚出生时，可以说我们毫无独立的自我人格。我们忙不迭地吸收学习周围世界的一切，来不及意识到有“我”的存在。随着我们身份感的逐渐成熟和发展，我们开始对自己相对于世界的存在建立起一种健康的自我认知。但在幼年时代，轻而易举就可以把那种自我认知击得粉碎。

我们都有过努力但失败了的经历。但有时那种辜负了期望的经历（我们自己的或是他人的期望），或者被别人说成不够格的经历能对我们的精神产生巨大的打击。我们从苦涩经验中形成的信念就是我不够资格，我一无是处，我就是一个失败者。

跌倒是正常生活的一部分。学会走路是我们最早获得的人生成就，在这个过程中，我们不断地跌倒，正如我们在人生中获取的任何一项其他的成就一样。我们通过哭泣、失败、修正、再次尝试来学习。但“知道我在某项任务中失败了”与对自己下了“我就是一个失败者”的结论，这两件事情有着天壤之别。

有这个信念的人可能终生会被隐藏的焦躁困扰，哪怕外表呈现出完全相反的自信，一个强烈的感觉是除了他们显而易见的才能、技巧、成就之外，他们觉得自己是空洞空虚的，他们的才能是虚假的。“我是个骗子，如果他们知道真实的我，他们会炒我鱿鱼的。”

作为一名职业牧师，理查德是一个天才的能够鼓舞人心的演说家。他有趣，充满魅力，令人振奋。他散发出的自信气息让所有人都确信他在群体面前演讲毫无困难。

理查德的妻子与他一起来见我们，她说事实上理查德在每次布道演说的那周都会不停地担忧，周日早晨已经成了一个灾难了。

“他看起来都好，”理查德的妻子说，“每个人都爱听他布道。但内心里，他太悲惨了。”

如果神职人员有奥斯卡最佳表演奖的话，理查德绝对已经捧得奖项了。而比焦虑更糟糕的是，理查德被“自己是个骗子”的痛苦感觉所折磨。

当理查德来到我们办公室的时候，我们帮助他确定阻挠他的自我局限信念。当我们开始谈起他的过去，并让他回忆童年时候的经历时，很快我们就发现了源头。

理查德 8 岁时的一天，一位教师叫他站起来当着全班同学的面把他们那周阅读过的课本中的一章做一个简短的报告。

理查德站起来，他的胃痉挛了，他缓慢地面向全班同学，呆若木鸡。他的舌头打结了。

“那天，”他告诉我们，“我真的不知道为什么我不能表述那一章。我都看过了，也很喜欢。但突然之间，面对所有的孩子，我就是说不出话来。”

根据理查德的回忆，那位教师相当和善，在确定理查德没有办法回答问题后，她很温柔地告诉他可以回到座位上，又叫了其他同学来做报告。但理查德清楚地记得他环顾四周，听到窃窃私语，看见小孩子们取笑他的面孔。他觉得受到了侮辱。

他没有清楚地说出来，但他在那个时刻的感受还记忆犹新：真是个白痴，废物。我知道该回答些什么，但我连话都说不出来！

那是理查德此生唯一能回忆起来自己呆若木鸡无法开口的时刻。那之后，每次当他被点名回答问题时，他都能找到办法强迫自己开口回答。他甚至在脑海中反复练习字句，很快变得出口成章。尽管他从未表露出来，但那次在全班同学面前出丑的尴尬感觉从未离开过他。“我是个失败者。”他内心的声音持续这样告诉他，甚至在他变成一位成功的演说家之后。

与理查德坐在一起聊了他的故事之后，我们帮他进行了四步法则。

一周后他的妻子打来电话告诉我们，理查德的变化是多么惊人。在清除了他的负面信念，以重建的正面信念取而代之后，理查德脱胎换骨。他仍然做着完美的布道，但现在他的愉快是发自内心的。

“我只告诉了你一个人，”她补充说，“没有其他人知道他曾经经历的一切，没有人目睹过他的痛苦，一周又一周，长年累月。我只是想感谢你，也想让你知道，这可不仅仅是改善那么简单，这是彻底的转变！”

这个“我没有价值”的信念通常是在一种总被批评或被负面评价的成长环境中形成的，就像吉娜的案例，或像理查德的案例——突然发生的窘迫事件，无论具体事件如何或初始环境如何，我们在某种情况下开始了这种信念，并逐渐演化成为对自己的普遍结论，关于我们的能力，我们作为人的价值。

如果走向极端，这种觉得自己没有价值的信念可以把人引向自我毁灭或绝望，包括自杀，那是缺乏自我价值认知的终极表达方式。这种信念更常见地被表现为一种缺失感。持有“我没有价值”信念的人通常很难在任何情况下采取主动，不管是要求升职还是要求约会。

这种信念的另外一种常见表述是“我不擅长……”。你可以在省略号处填上任何事情，如“我不擅长数学”“我不擅长社交”“我不知道如何与异性交谈”“我不会跳舞”“我不会唱歌”等。

自我局限的表现形式变化多端并且无休无止。在大多数案例中，它们的建立根本不在任何事实基础之上：大多数声称自己不擅长数学的人事实上在基本计算能力方面不比任何同龄人差，其他的那些自我否定论断也同样经不起推敲。

不幸的是，虽然这些事情很多，但这些真的没有必要发生。就像所有的自我局限信念一样，“我不擅长……”的信念能够随着时间变成真实的预言。相信自己五音不全的人永远不会尝试演唱，而越是不去唱歌，就越少有机会来发展那项能力。持续告诉自己不擅长社交，假以时日你就发现一切成真了。

这个信念的“我是个失败者”的版本不仅涉及对失败的恐惧，也同样涉及对成功的恐惧。这是一枚硬币的两面。总的来说，如果我相信自己是个失败者，那么如果我成功了怎么办？那我就会被期待在那个领域再次成功——那样的话，如果我最后失败就会更痛苦，反正我肯定会失败的，对不对？所以不如开头就不成功：不做任何能让我引起别人注意或显得出众的事情。

这个态度就是：别把你的头仰得高过人群。别表现出众，别超越，别引起额外关注，别翻了船。

以下是这种信息理论下演化成的无数表象中的几种：

- 我不配（成功、幸福等）
- 我是个骗子
- 我永远不会成功
- 我无论如何都不会成功的
- 我必须做到完美
- 我有缺陷
- 我无足轻重
- 我很卑微
- 我无能
- 我不够好
- 我不够聪明
- 我不够有吸引力
- 我不擅长数学（或体育，或派对，或修理东西，或做饭，或性，诸如此类）
- 我没有用处
- 我是一个令人失望的人

花点时间想想是否上述表述有与你对应的。

我没有能力

当卡门找到我们时，她正被一个非常困难又紧急的问题所困。她在协议离婚，并且已经到了要么签字协议离婚要么去法庭的地步，但她无法做出任何行动。

“我不知道为什么，”她告诉我们，“我就是……我就是做不了决定。如果做错了决定怎么办？”

卡门几乎被恐惧控制得麻痹了，她几乎就要失去经过长久痛苦挣扎得到的解决方式，并被迫使走回原点，那将会是一场灾难。

当我们帮助她追溯过往，她很快发现了那种令人麻痹的痛苦是什么，以及因何而起。

当她还是个小姑娘时，卡门与弟弟、妈妈一起生活。尽管她的弟弟比她小一岁，但他比卡门更高大强壮。经常在毫无原因及前兆的情况下，她的弟弟会推倒她甚至殴打她。她的妈妈忙于生计，根本没有多少时间在身边保护她。

毫不惊讶地，卡门形成了一种自我局限的信念：“我不够强壮，无法保护自己。”

快速回到现在，除了完成了大学教育，以及意识到自己现在已经成年，足够强壮而能保护自己、捍卫自己的权益之外，那个内心深处的声音继续传递着重复的信息：我没有能力。

结果就是她无法掌控内心的力量，无法从结论的角度来看待这场离婚。

我们都在寻求保持一种基本的控制力来面对生活中发生的事情。这是成长的一部分，作为成年人的一部分。当我们感到充满力量时，我们相信自己能够完成任何想要做的事情，事实上我们的相信刺激了我们的大脑和身体来帮助我们完成那件事。

不幸的是，我们的自我局限信念也是如此运行的。如果我们在某种程度上相信自己对某事无力掌控，那么我们就会倾向于放弃掌控它。当我们相信自己没有力量，我们就放弃了自己的力量。

这个信念与“我没有价值”的信念类似。区别在于持有“我没有能力”信念的人并不觉得自己没有价值——他们仅仅是觉得，自己没有能力用有影响力的方式去赢得或实现他们的价值。

几乎从记事起，麦克就非常保守害羞。在幼儿园时，他总是最后那个被小组选走的人，他也几乎从不在课堂上举手发言，哪怕他知道老师问的问题的答案。

这种行为模式甚至在麦克成年后依然持续。他从没有在工作中要求加薪，或申请升职，或主动做任何事来获取认同，尽管他总是受到好评。麦克从没有过自信的时候，或感到自己值得被赞美，被升职，值得成功。他自甘认命地过平庸无为的生活。

当珍妮特，一个麦克在社区遇到的聪明可爱的女人爱上了自己后，没有人比麦克更为惊讶欣喜。他们约会了几年后结了婚。一年后，麦克的欣喜变成了绝望，因为他意识到他们的婚姻已经触礁了。他们寻求帮助，有人向他们推荐了我们。

“当我们刚开始约会的时候，”珍妮特告诉我们，“麦克不仅充满魅力而且非常风趣，他也很自信，甚至可以说很果断。但我们结婚后，他开始改变，一个完全不同的麦克出现了，一个完全没有任何雄心没有自我的麦克。我实在不想说冷酷无情的话，但那个我嫁的男人已经完全变成了个软骨头！”

显然她爱过麦克，她跟麦克一样热切希望他们的婚姻会获得成功。但她能感到自己对麦克逐渐失去了尊重，然后越来越糟，她也逐渐感觉到失去了对麦克的爱。

麦克8岁的时候，他的父母从阿肯萨斯搬到加利福尼亚。在学校里，麦克被孩子们取笑“穿着可笑”“说话口音滑稽”。他们给麦克取了无数外号，最后定格为“Okie”（对大萧条时期从俄克拉荷马州涌出的移居者的通称，往往带有贬义。——译者注）。当麦克抵抗说自己来自阿肯萨斯，而不是俄克拉荷马时，他们仍这么叫他。几个月过去了，麦克已经不算是学校里新来的了，可情况仍然没有改变，他仍然被取笑，被选做笑话段子的主角。

很不幸，麦克的父母忙得不可开交——太多事情让他们焦头烂额，他们实在没有足够的精力关心麦克有关在学校被取笑的抱怨。麦克的大哥汤米，在学校里有严重的麻烦，在他们搬家后的六个月里，汤米有七次行为不良并被罚停课了两次。坏运气还不止这些，麦克的小妹妹丽兹生了病，整个秋季和冬季都在进出医院。尽管麦克当时并没有意识到情况的严重性，但多年后他得知丽兹当时差点儿死了，那让他好几周都很难过。除此之外，麦克的父母都需要工作，都面临着适应他们在加利福尼亚的新工作的挑战。

随着这些大大小小的困难，麦克的困境彻底被家人的雷达忽略了。他知道父母爱自己，父母从未对他苛刻，从未吼过他，或对他不好——他们只是好像“看不见”他。

“我记得坐在晚餐桌上，”他告诉我们，“我想让妈妈或爸爸帮我把土豆递过来，但谁也没帮我。就好像我根本不在那儿——好像我是隐形的。”

8 岁时，麦克还没有能力走出自己的视角，从父母的角度来看事情。他对丽兹的严重病情一无所知，也不知道汤米在外表现有多么糟糕，更对成年人在陌生的地方适应新工作得承受多大的压力毫无概念。麦克没有任何朋友可以聊聊这些，哪怕他能够清楚地表达一切。他所能做的仅仅是基于他的经验，得出他自己的结论。

麦克得到的结论是“他不重要”，他没有真正的能力去影响周遭，做出改变——他没有力量。这些信念从没有被清楚地说出来，但他感受得到它们，这些情绪表达把负面信念深深刻在麦克心里。

难怪麦克从未在课堂上主动发言。有什么意义？要么是他回答错了被人取笑，要么就是他回答对了但还是会被取笑。而且没有任何人会对此做点儿什么。这个信念跟随他长大成人，他深深畏惧会因为要求加薪或升职而被领导耻笑。

当麦克刚认识珍妮特的时候，新生爱情的兴奋释放出强烈的正面情绪，从而压制了负面程序的启动——至少在短期内是这样的。但他们一旦完婚，珍妮特变成了家人，那个根深蒂固的信念又开始念叨：“我的家人对我熟视无睹。我在他们周围是隐形的。”理所当然地，他很快重新陷入惯性的“我没有能力”的操作模式中。

麦克和珍妮特都非常吃惊我们会做出如此解释，他们都立刻明白了发生的一切。珍妮特发现她自己也同样有一些负面信念，在相处中加重了矛盾（自我局限信念一般很少只发生在某一方身上！），我们与他们两人一起在接下来的几周内进行了好几轮谈话。

而麦克在初次会面后就在举止方面有了变化。当他们站起来离开时，麦克看起来似乎平添了几分风度，他非常坚定地与我们握手，直视着我们的眼睛说：“非常感谢你们跟我见面。”话音未落，他就听见了自己话里的双重寓意并咧嘴笑了。珍妮特在那一刻看着他的样子完全值回票价。那是一种混合了爱意的表情，那表情后的话语是：“哦，你终于又回来了！”

有这种觉得自己没有力量的负面信念的人，经常变得沉默寡言，并开始避免社交。我们越是这样表现，我们周围的人就越会接收到我们传达出的模糊信息，开始如我们所愿地对待我们。人们开始忽略你的观点和想法，像你根本不存在一样。他们并非不喜欢你。就像麦克，你开始变得隐形了。

下面列举了 7 种负面信念的表达形式：

- 我无力掌控局面
- 我很无助
- 我很虚弱
- 我不重要
- 我是隐形的
- 我没办法捍卫自己的权益
- 我被套牢了

花点儿时间仔细想想上述表述中是否有类似的情况发生在你身上。

我不可爱

“我们很担心海瑟。已经四周了——我知道你们的预约很满，但你们能想办法尽快见见她吗？”

海瑟的父母一筹莫展。海瑟 23 岁，她是个聪明、有理想的大学毕业生，前途光明。一天，在没有任何预兆的情况下，海瑟交往了 4 年的男朋友突然打电话告诉她要与她分手，而且他已经秘密地与别的女孩交往了一段时间了——他就那么在电话里跟她分手了。

海瑟不是仅仅难过而已——她彻底崩溃了。一天又一天，她不停地给那个男孩打电话希望挽回这段感情。当男孩不再接听她的电话后，她日益消沉。她的父母越来越担心她就这么陷入深深的绝望之中，他们带她来到我们的办公室。

关于海瑟的案例，她压力的原因似乎是再明显不过的。但事实果真如此吗？当然，当你发现你的男朋友或女朋友背叛了你，你觉得痛苦，感到被伤害了，觉得愤怒，这些都是正常的反应。但海瑟的反应是非常极端的。她不是仅仅痛苦、受伤、愤怒那么简单。她彻底被摧毁了。为什么会这样？因为这件事情激发了另外一件隐藏得更深的事件，那件事情在海瑟的记忆中存在已久。男朋友的背叛触动了海瑟在多年前就形成了的某种信念。

当我们第一次跟海瑟以及她的父母交谈时，他们没有一个人能够想得起来有什么创伤性事件在海瑟的生活中发生，并从此动摇了她的自我价值以及对被爱的信念。海瑟有着非常幸福的童年，她的父母非常爱她，也总是表达对她的深爱。

但是，当我们谈论到她小时候时，发生了两件值得注意的事情。一件是海瑟小时候她的父母都需要工作，特别是她的父亲，工作忙得不可开交，这造成的结果就是她当然知道父亲爱自己，但她几乎看不到他。

另外一件在海瑟的人生中留下印记的事情是：海瑟 5 岁时，她的祖父去世了。

海瑟与祖父非常亲密，她把祖父视为第二位父亲。更准确的说法是，她把祖父视为父亲——因为她见不到自己真正的父亲。祖父去世后，那个一直在她身边让她感觉到被爱的人突然消失了。

在一个疗程后，海瑟意识到她男朋友打来的分手电话唤醒了伴随她一生，但她已经学会埋藏起来的某种深刻感觉。那就是她感觉到不再被爱，她感到自己“不值得被爱”。男朋友的离弃再次印证了她根深蒂固的信念，那就是对她来说，爱总会无法避免地消失。

正如“我是安全的”信念给了我们一种安全的基础来探索并建立我们的世界一样，“我被爱着”的信念为我们长大成人提供了一种情感的温床。人类有着一种与生俱来的被爱的渴望，首先是被我们的父母爱，然后是我们的朋友，以及其他对我们来说重要的人。当这个基础被撼动，将会产生毁灭性的后果，并以一种令人惊异的方式表现出来。

当鲁比与丈夫乔一起来见我们时，他们两人都已经 80 岁高龄，婚龄也长达半个多世纪之久。然而，几年前，鲁比得知多年前，乔曾经与别的女人发生过一段持续了将近 10 年的婚外情。

这段婚外情很久之前就彻底结束了。事实上，鲁比是在那个女人去世后才知道这段外遇的。乔已经承认了事实并一直在对她道歉。他解释说事情为什么发生，也告诉鲁比自己一直爱她，从未想过离婚。

尽管鲁比非常希望能够找到办法来忘记这一切，但她就是无法做到。她无法忍耐对乔的恨意以及愤怒，虽然他们从未真正打过架，但争执还是让乔很惶恐，他年老体弱，无法照顾自己，非常依赖鲁比。他开始非常担忧自己的安全。

“我想要忘记，”鲁比告诉我们，“但我做不到。这就好像我占有欲很强。任何一点能够让我联想起乔背叛我的小事情——哪怕是提到一些完全无害的词语，比如说美女、吸引，或是秘密——都能够让我火冒三丈。”

在挣扎了一年试图忘记丈夫的背叛并原谅他未果的情况下，鲁比的子女鼓励她向我们求助。

表面上看，鲁比很愤怒，但在表象之下隐藏的是另外一种完全不同的情绪冲突。

鲁比有一位刻薄的妈妈，她的妈妈永远在批评她，告诉鲁比，她选择的衣服，她选择的朋友，她选择的任何事物，她做的任何事都是多么错误。鲁比甚至回想不起任何一次因为自己做了正确的选择而被表扬的经历。这些逐渐形成鲁比深刻的信念——她不值得被爱。

鲁比印象最为深刻的事件之一发生在她八年级的时候，关于她的父亲。一天，一个她班级里的男孩在放学后陪她一起走回家——当她回到家里时，她的父亲却对她大发脾气。

“男孩子们只想要一样东西！”他说，他命令她永远不许再与那个男孩或其他任何男孩一起走路回家。

对鲁比来说，这些只是加深了她自己不可爱的信念：不仅是她的妈妈不喜欢自己做出的任何决定，现在她的爸爸也态度明确地告诉她没有任何一个男孩会真正地喜欢她这个人。

成年后，鲁比忘记了那个信念并与乔幸福地生活了好几十年。但当她得知乔过去的外遇时，这又触发了她尘封已久的旧日信念。那信念从未真正被忘记，只是蛰伏着等待合适的时机再次散播它有毒的信息。

鲁比的情绪被这样的逻辑左右：乔背着我有外遇的事实证明了我不可爱，从未可爱过。有那么一段时间，我以为自己是可爱的，但我错了——如果乔还是继续声称他爱我，那他绝对是在撒谎。

“我不可爱”的信念通常与我们的父母或主要监护人有关。源头可能会是从感觉父母中的一方或双方爱护子女中的一个超过其他的开始。也可能父母中的一方或者双方非常冷酷、漠然、不表达感情，或者仅仅是“没空”。

这种情况和经历可能在现实中完全与父母对子女的深爱不符。哪怕你的父母是完美的，慈爱的，正面的，总是支持你的，仍然很容易会在有些时候让你感到他们对你的爱停止了或收回了。他们可能仅仅是被繁忙的工作所累，或者被健康方面的问题干扰。有时候，最无辜的情况是，父母被孩子误解遗弃了他们——就像杰克的案例。

“我已经把每一个曾经与我亲密的女人赶跑了，”杰克在第一次见面时告诉我们，“如果我不能找到办法改变，我就要失去与格雷塔的感情——而遇到她是发生在我身上最美好的事情。”

杰克外表看起来非常平静自信，但我们很快发现，他的内心焦灼不堪。

格雷塔深爱着杰克，正如杰克深爱着她。但杰克觉得自己还是对格雷塔不够有吸引力。他持续不断地要求格雷塔证明对自己的爱，而这让她快发疯了。

“我知道这很极端，”他说，“我也知道我对这样做上瘾了。我好像需要她一刻不停地告诉我，对我表达她有多么爱我。我知道我这样做会让她远离我，但我不知道怎么停止。”

在杰克叙述他的童年时，一个不可思议的细节出现了。

杰克 4 岁时，他的妈妈生病住了几个月的院。那是秋天的事，正巧赶上杰克快要上一年级，他第一次去学校。尽管他对此没有清楚的记忆，他的老师报告他的父亲说他在上学第一天被严重地欺负了，老师发现小杰克在操场上哭泣。

总的来说，杰克拥有非常愉快的童年记忆，并声称他有一个非常快乐的家庭成长环境。但对那段短暂的时间来说，当他在幼年时期的一个转折点非常需要妈妈关爱的时候，他的妈妈没能在他身边——他年轻的大脑把这段经历解释为是他自己的错误。

尽管杰克从未这样说过，但那个为他的生活带来阴霾的压力情绪核心已经非常清楚：“我不可爱。”

在之后的疗程中，杰克回忆起其他的记忆，而那些事情愈发遮蔽了他生活中的阳光。

一年级之前的一个夏日，杰克与父亲秘密地说好在那个周六一起溜出家，去给妈妈买生日礼物，因为她的生日在那个八月。当那个周六来临时，他的父亲忘记了与杰克的约定，自己一个人离开了家。

杰克听到汽车离开车道的声音，冲向前门大声叫喊：“等等，等一下——”可是他的父亲没有听到，在没有意识到自己的儿子在身后呼喊他的情况下，他驾车离开了。

“我非常清晰地记得他驾车离开，”杰克告诉我们，“我的眼泪立刻流了下来。我的妈妈想知道这是怎么回事——但我不能告诉她，因为爸爸是要给她买礼物去的。”

杰克说这是他童年时代最为深刻的记忆。而且这事就发生在妈妈去医院住院的一周前，这件事剥夺了杰克所需要的爱，当时他就开始人生第一次勇敢地离家上学了。

成年后，杰克无法改变他从未被爱过的信念——无论他从自己身边的女人那里得到多少次反复确认，多少情感，他依然无法撼动那个深刻的信念。

在四步法则的帮助下，海瑟、鲁比和杰克都克服了他们各自的难题。

海瑟转变了自己的信念，她认为自己是一个可爱能干的人，值得一份真正健康而且充满爱意的感情。当海瑟的男朋友（现在是前男友了）最终打电话向她道歉并希望和好时，海瑟保持了坚决的态度拒绝了复合。她意识到这个年轻男人还没有准备好给她想要的感情。她成功地树立了一个清楚的边界，以一种健康的方式继续自己的生活，她感觉到坚强、完整，对自己以及未来感到自信。

鲁比花了稍多的时间，但最终赢得了同样的结果。经过一个月的逐渐进步，她能够自己说出“外遇”这个词而不会勃然大怒或哭泣了。

事情对杰克来说要更为艰难一点。他来见我们的时候，格雷塔已经想尽了办法顺从杰克的任何要求，而杰克无力挽救他们的感情。然而，在杰克从他自己不可爱的压迫信念中走出来后，他终于能够进入一段新的感情，以一种更为健康并且更为放松的方式与人相处，他与新女友非常快乐地生活在一起。

关键在于，海瑟知道自己被锁在了分手原因之外的某一点；鲁比知道她应该原谅乔继续生活下去；杰克知道他在不断用持续的要求来让格雷塔窒息。但仅仅是知道这些还不足以改变他们。

这种信念的变体包括：

- 我不配爱
- 我没有身份
- 我不配拥有一段爱的关系
- 我应该知道自己会被背叛

花点儿时间想一下自己是否与上述描述中的一条相对应。

我无法信任任何人

“我不知道我该做什么来改变这些，”汤米说，“我工作压力非常大。”他和妻子克莱尔来到我们的办公室，因为他们的婚姻陷入了僵局。克莱尔觉得他越来越遥远，而汤米觉得妻子对他承受的压力不够理解。

在他们进入办公室的那一刻，紧张气氛就非常明显。很显然他们彼此在乎，但汤米的肢体语言是防御性的，还让人感觉到他的温和是被迫而且做作的。

他们的问题很清楚。克莱尔想要孩子，而汤米还不确定他们是否要走到那一步。结果就是克莱尔不想用避孕手段，导致汤米对他们的亲密行为非常小心。超过性问题本身，克莱尔感觉汤米停止了感情和关心，但这对于她来说已经不奇怪了，她开始觉得愤恨。

“我不知道说什么，”汤米说，“当我工作了一天回到家，我感觉紧张，剑拔弩张。我想尽办法放松，但一切都让我紧张万分。”

我们开始研究他们两个人的童年，几分钟后谈话的重心完全偏向了汤米的历史。他解释说他在一个情感冰冷的环境中长大，特别是他的父亲非常冷漠。当他还很小的时候，他的父母离婚了，父亲从此搬走。

有种感觉就是父母的离婚给汤米带来了创伤，他感觉自己被父亲遗弃了，而这件事把一种对亲密关系的恐惧深刻在他心里。成年的汤米惧怕亲密关系，因为他害怕失去，就像他小时候忽然失去父亲一样。

事实是汤米的问题跟工作压力毫无关系，他的问题是害怕与自己爱的人亲近。他实际上是用“是否要更多孩子问题上的不同意见”来做幌子，把这说成两人渐行渐远的原因——但这跟孩子毫无关系，也跟性毫无关系。问题就在于汤米害怕一旦自己与克莱尔亲密，他将会失去她。

汤米的信念是“我爱的人会离开我”。具有讽刺意味的是，他正是在用自己的方式来制造那个结果。如此这般之后，汤米的自我局限信念变成了他自我实现的预言。

幸运的是，汤米和克莱尔非常关心彼此并希望解决问题。在四步法则的帮助下，他们成功了。当汤米对于亲密的焦躁恐惧消除了，他们两人就重新建立了牢固的关系。

在我们开始形成并学习我们生活的方式时，信任是把我们的世界黏合在一起的胶水。我们学习走路、说话，与周围的环境以及他人互动，这一切都建立在以信任为基础的框架下。如果我们不能信任我们自己的感觉、我们自己的判断、我们的环境、我们身边的人，那我们将会缺失坚实的基础来建立生活，一切也将会彻底变得可怕和无法预料。

毫不奇怪，当我们的信任感被侵犯或撼动，这会威胁到我们存在的基础——或感觉上被威胁了。

持有“我无法信任任何人”的信念的人们经常会感觉他们在防御、多疑，或经常生病。因为他们无法信任任何人，他们很难放心把控制权交给他人。他们是后座驾驶员，事必躬亲的管理者，控制狂，他们能把周围的人逼疯。或者，他们同样很难相信自己，从不让自己享受周围的快乐。他们可能会对任何无法预料的事情或随机发生的事情感到焦虑，看起来非常魂不守舍，经常发呆，就像汤米。

这种信念有两个典型的成因。首先，来自于我们幼年时代与主要权威相处的经历，特别是父母。其次，就是生活中那些微小的、时有发生的失望。对那些思想基础更为健康、坚定的人来说，这些失望会消失并不会产生持续伤害。但对那些较为脆弱的人来说，这些失望能滞留不去，制造出绵绵不绝的问题，在神经网络中产生的后果是：“我无法信任。”

背叛不一定是很严重的。当然，那些大的显而易见的创伤性背叛——比如被父母中的一方或者被信任的亲属性骚扰，一个朋友为获得欢迎而在同学中散布关于你的谣言——这些毋庸置疑会产生严重的后果。但哪怕一个小的失望或“感觉中”的背叛，也同样能产生挥之不去的信任挫败。比如错过的朗诵会、舞会或生日派对、被遗忘的圣诞礼物等。

剧作家诺拉·艾夫隆在电影《我的蓝色天堂》里完美地捕捉到了这点。影片中有一幕剧情是讲由黑帮分子变成政府证人的文尼·安东内利（史蒂夫·马丁饰演）谈论关于一个孩子是如何经历失望的：

我知道失望是什么感觉。我7岁时——哦！8岁时——我最想要的圣诞礼物就是一辆新的红色自行车。我最喜欢的叔叔——爱尔福尔索，对我发誓说他会买给我。我数着日子盼到圣诞节。圣诞节那天早上5点，我冲下楼去树下。知道我发现了什么？爱尔福尔索叔叔，死了。躺在地上。被人从背后射穿了脑袋。另外，“没有自行车”。无论从任何角度来说，那都实在是一个令人失望的圣诞节。

在现实中，可能我们感到背叛或遗弃的背后有着非常强大的原因。爸爸没能参加我们的朗诵会、舞会，因为汽车中途抛锚了，或因为他得努力工作提供家用所以必须在办公室里待到很晚。妈妈可能发现他们就是没有足够的钱来买那个承诺过的玩具。而爱尔福尔索叔叔没能给文尼买那辆自行车：因为他被人射穿了脑袋。

但无论外部现实或限制条件是怎样的，我们自己的感觉是我们信任的某人让我们失望了——而这在我们的信念体系里，我们建立起一个自我保护模式告诉自己这个世界不能被信任。

这与“我在不安全之中”的信念有些类似。这两个信念的主要区别在于“安全”涉及了更多关于一个人身体的或情感上的安全，而“信任”更多地涉及我们与周围人的联系中的感觉——与他人以及我们自己的联系。换个通俗的说法，安全关乎我们对周围世界的感觉，信任关乎我们对周围的人的感觉。专业的说法，是外部控制点相对于内部控制点。

以下是这种信念的几种变体，思考一下是否有与你对应的描述：

- 我无法相信任何人告诉我的任何事
- 我不相信任何权威
- 我不是个能信任别人的人
- 我不是个值得信任的人
- 我不能被信任
- 我不能信任我自己
- 我从未做过正确的决定
- 我很倒霉
- 我不能相信我自己的判断

我很糟糕

克劳迪娅的生活陷入了一个谜团中。她极度聪慧，才华横溢，热爱语言并且很有幽默感，是个相当有名的网站设计师。不幸的是，她似乎总是无法留住她最好的客户，总是无法与他们建立互利的长期合作关系。

“我不知道我为什么那么做。”她告诉我们，“我甚至不知道我是怎么做的！显然，我在自我伤害方面简直就是黑带高手。”

她告诉我们她之前的三个最大的客户是如何一个又一个地放弃她去寻找另外的设计师的，尽管在开始时他们相处得非常愉快而且客户们都非常满意她的设计，但不知道怎么回事，她就是逐渐让他们都疏远了她，失去了他们的信任。

“说真的，我很擅长我的工作，”克劳迪娅说，“如果我能停止自绝生路，我能够靠工作过上不错的生活。”

当我们问及克劳迪娅的童年，我们得到了令人吃惊的信息。

克劳迪娅与妹妹被她们离了婚的妈妈抚养长大，很少见到父亲（父亲住得不近）。我们很快了解到克劳迪娅是如何获得了如此机敏的智慧以及语言天赋的：根据她的叙述，她在一个对她极度苛责的母亲的压制下长大，总是不断地被严厉训斥，甚至被粗暴地对待。克劳迪娅很早就因此学会如何快速反应。

然而，不管她后来如何变得能言善辩，这些批评仍然在伤害着她。简——克劳迪娅这么叫她（克劳迪娅在事隔多年后仍然无法称呼这个女人“妈妈”），不停地骂克劳迪娅是个荡妇，是她的小妹妹的坏榜样，是个只顾自己的万事通、懒虫。

最具杀伤力，足够导致恐龙灭绝的行星撞击事件发生在克劳迪娅 14 岁时。

“一天，”她说，“我放学回到家，家里全都空了。我的意思是，‘空了’。简不在，我的妹妹科洛依也不在。这还不算。我们所有的东西都不在了，包括家具。”

克劳迪娅在学校的时候，她的妈妈搬走了，带着妹妹科洛依。

幸运的是，克劳迪娅有个亲戚住在附近，能够暂时搬进来陪她住上几个礼拜，然后找到简的踪迹。

“她可以逃走，”克劳迪娅依然说着俏皮话，“但她不该藏起来。我又搬回去与她生活在一起——但只是到我满 16 岁的那天。我那天就从那儿永远搬走了。”

由此看来，克劳迪娅不断丢失客户就不奇怪了。逻辑上，她知道自己是名优秀的设计师，能够为客户提供可靠、有价值的服务。但内心深处，有个埋藏很深的声音不停告诉她，她是个坏家伙，懒惰、懈怠、自私，对任何人而言都毫无用处。克劳迪娅的某个部分不停地希望她的客户突然离开她——如果他们还没这样做，克劳迪娅就会无意识地损害他们的关系直到他们终于走了。

几乎每一个孩子都曾被自己既信任又尊重的某个人说成“坏孩子”。对于仍然处于从每日的经历中努力发现自我身份的孩子来说，仅仅是被告诉“不！”或“不要那样！”就已经足够被孩子们理解为“你错了！你是个坏孩子！”这很正常，我们都有过类似的经历。但对有些人来说，这些谴责刻进了他们的生命。

正如霍桑的《红字》一样，被“自己很坏”的自我局限信念左右的人携带了一块满是谴责的徽章，徽章上历历记述着她的经历。

被父母或他人赞许的渴望是每个人的内在欲望。孩子们天性上就希望能够取悦父母，而每个为人父母的人都知道这一点，至少在当时会天然地利用这一点来控制孩子的行为。在某种程度上来说，这是正常的也是很有益的，不仅能保护孩子不受伤害，还能帮助孩子学习人生中关键的一些东西。但有些家庭可能有过度使用这一天性的倾向，超过了用它来教育的分寸而演变成为苛责。

打个比方说，尴尬与羞耻是有区别的。“尴尬”是指我们的某一行为让我们受到来自别人的关注，而我们并不期望这样被注意到；“羞耻”是“我们作为一个人”得到了不想要的关注，而不仅仅是因为我们做了什么。

小孩子在餐桌上打翻一杯牛奶时，我们会说：“你怎么回事啊？！我告诉过你多少次要小心点？”这种问题当然是没有答案的，小孩子也没有办法去做任何回应——就是这样，除非我们给他提供一个回应办法。

在同样的场景中，想象一下父母同样批评了孩子，但他们也说：“好了，算了，去厨房拿点餐巾纸来擦干净就行了。”

训斥仍然让孩子难过，但这样的话，尴尬就多过了单纯的羞耻，而且这样孩子就有了用正面的回应行为来弥补过失的能力。换句话说，我们给予了小孩子一个将笨拙行为与他自己区别开来的通道：他可能是做错事情了，但这并不代表他就是个错误。

年幼的孩子特别容易做出这种自我责罚的内心评价。作为父母，一个确保我们不会给孩子带来这种负面自我信念的途径就是，要注意不要把批评升级为广泛的评价。像那些以“为什么你总是……”或者“每次你都……”又或者“为什么你就从来不能……”开头的盲目的谴责是让人几乎不可能反驳得了的。

父母不是唯一可能滥用这种充满不幸能量的谴责的人。在任何一种人际关系中，只要有一方信任或在意他人的意见，这种力量就能发生作用。这种结论性的表述方式很容易在师生之间发生，也同样可能发生在子女中的年长一方与年幼一方之间，或者是配偶之间。

自求责罚，那些持有这种自我局限信念的人——特别是并没有意识到自己有这样信念的人——他们会做对他们自己毫无益处或者完全与他们的真正目标背道而驰的事情，并对他们的信念深信不疑。借用克劳迪娅自己对此的准确描述，他们开始“自我损害”。

斯蒂芬妮，我们在导言中提到过的那个成功高管，她的故事是这种信念的良好例子。当她的父母因为她从姨妈那里接受了 25 美分而训斥她时，在没有意识到也没有真的被那么说的情况下，7 岁的斯蒂芬妮形成了一个自我信念，那个信念大致是说："我很丢人，我很坏。"

成年之后，那种挥之不去的自我贬斥转化成为这样的表述："我不配或不够格获得成功。"

然后可以确定的是，假以时日，她做出了选择，并用行动决定，完美地秉持了那个信念。

下面描述了这种信念的几种变化形式：

- 我错了
- 我不好
- 我自私，只想着自己
- 我有罪
- 我应该以自己为耻
- 我有毛病
- 我让自己失望
- 我糟透了
- 我很羞耻
- 我造成了厄运
- 我只配遇到坏事
- 我早点知道就好了

我孤身一人

一天，有个将近 50 岁的男人来到我们的办公室，希望预约我们。他不愿意填任何相关表格，他只是说他叫“盖比·X”。他坚持要用现金支付预约费用。

盖比让我们印象非常深刻。他肤色黝黑，身材很好，举手投足像个奥运选手。他表达准确，但语调几乎毫无变化，面部也几乎没有一丝表情。用医学术语讲他这叫“感情匮乏”——更像个机器人。

他很快就告诉了我们，他已经见过了不少心理医生（跟斯蒂芬妮一样），也阅读了不少关于情绪方面的资料，但一点儿起色都没有。

盖比的人生经历让人非常吃惊。他从未见过自己的父亲，他的妈妈是个瘾君子，很早就遗弃了他。一个买卖毒品的黑帮分子是他的远亲，他跟着这个人长大成人。家里总是到处横着枪支。盖比 9 岁的一天，他好奇地拿起一把枪，但一不小心射出了子弹，他误杀了一个在场的孩子。

成年后，盖比作为特种部队的一员被送到战争最激烈的地区，他作为狙击手为国家效力了几年。现在他从部队退伍了，试图经商，渴望能够清醒平静地生活。

然后他就告诉了我们困扰他多时的问题。

“我感觉自己好像没有灵魂。”他说。

盖比的问题远远不是一般的医学词汇，比如抑郁、焦躁或创伤压力等能够描述的。“存在绝望”（existential despair）可能更接近些。简单地说，盖比感觉“被生活孤立了”。

让我们稍微换个视角来看盖比的困境，来参考一下内森的故事。

内森来找我们的原因是他 15 年的婚姻触礁了。他爱过他的妻子朱迪斯，但与她在一起实在是太让他抑郁了。她是个外向的、热爱社交的女人，而内森却不善交际，当妻子试图把他拉进自己的社交圈时，内森觉得很反感。因为这个，也因为其他一些小事，他经常对妻子动怒，对她咆哮，之后又觉得自己糟糕透顶。

在追溯内森的历史之前，我们首先谈谈他现在的生活。内森是一个退休的机械师，不需要再去工作。那他平时都干些什么呢？

“我不知道，”他叹口气说，“我有一些个人爱好。我猜你会说，一些帮我转移注意力的事情。坦白地说，我不是很清楚我这辈子该怎么办。”他看起来有点压抑，有点情绪化。

当我们开始谈论他的历史时，我们发现了原因。

20 年前，内森与当时十几岁的女儿简妮一起出门，简妮刚刚拿到驾驶证，当时是她开的车。在经过距离他们家仅一个街区的一个安静的十字路口时，一个醉酒的司机以时速 60 英里的速度闯了红灯并撞向了他们的车。简妮的胸骨被撞得粉碎，她无法呼吸，他们两个人都紧紧地卡在报废的车身里无法动弹。在等待救援的无助中，内森束手无策地坐着，目睹着自己的女儿缓慢地窒息而死。

他的郁郁寡欢还有什么好费解的呢？

还有个问题：失去女儿确实是一场可怕的悲剧，但那还不是摧毁内森的全部原因。没错，女儿的去世是无可比拟的巨大伤痛，但年复一年，内森与妻子都逐渐地能够正视这一切了。这不是扼住他喉咙的那个原因。那个原因是挥之不去的无能为力感——他什么都做不了，他对阻止悲剧的发生无能为力。

女儿死了，而他坐在那里，什么也做不了。

当然，当时他绝对不可能做得了任何事情——他同样被卡住女儿的事故现场牢牢卡住，动弹不得，而这正是深深伤害他的原因。他为自己弥漫心头的遗弃感以及无能为力而深深自责。为什么生活这么不公平？如果这样的事情都能发生，那所有的一切意义何在？

他看起来像我们大多数人所能做到的一样，已经“克服”了那个悲剧的影响，这才让他的问题无法轻易被了解。已经过去了这么多年，内森没有自杀或者整天痛不欲生。没有什么极端的、戏剧化的表现。只是他的生活被黑暗的浓雾笼罩。简单地说，他过着离群索居的生活。

当他频繁地对妻子朱迪斯动怒时，他并非真的在生妻子的气。他只是把敌意放在她的身上而已。

他真正愤怒的对象是上帝。

我们目睹了许多失去了身边亲人的人的表现，特别是在毁灭性的情况下，比如严重车祸，暴力犯罪或者不可治愈的疾病，失去了亲人的人们开始愤恨上帝，尽管有时他们并不曾意识到这一点。通常人们会很清醒地否定：“不，我相信上帝，上帝用他神秘的方式来安排一切，上帝有他的安排。”但那可能是理性的那部分自己在说话。与此同时，感性的自己完全隔离起来，所以我们无法意识到自己身上的巨大伤口。

这种情况在失去子女的时候特别容易发生——丧子之痛最难平息。但我们在子女丧失父母或祖父母或者亲密的什么人时，也会发现类似的情况，尤其是当子女年幼时。

我们可以清晰地看到这个悲伤的过程。“为什么上帝要让这一切发生？”对于悲伤的人们来说，这是个轻而易举就跃入脑海的问题。为什么上帝眼睁睁看着孩子受苦？为什么让一个青少年在车祸中丧生？诸如“9•11”袭击，2010 年海地的大地震，2011 年发生在日本的海啸、地震、核泄漏之类的事件，能够非常广泛地带来创伤以及无力感，从而让人们丧失信仰。

在许多案例中，人们愤怒的对象不是上帝，而是他们自己。

我们的另外一个客户名叫黛博拉，她的儿子因为在一次酒后驾车时出了车祸而丧生。她生自己的气，因为她觉得自己应该做点什么来阻止他酒后驾车——哪怕她当时根本不在场，她根本什么也做不了。

并非只有这种涉及死亡的情况才能激发人们对自己的愤怒。人们经常因为分手、离婚而生自己的气，因为由分居、离婚等事件对子女产生的影响或子女成年后遇到的一些问题而感到自责。人们遭遇严重的财产损失、巨大的事业失败、遭遇盗窃、父母之间的痛苦离婚……很多时候当发生的事情看起来完全不公平时，我们对世界的信任被无法弥补地击碎。

这也不仅是关乎上帝，还关乎我们的感觉以及感觉的丧失。

那些声称自己没有什么特别信仰的人仍然会感觉自己与外部的大世界有“一些”联系。许多不说自己相信上帝的人往往相信某种精神的存在，相信这个宇宙在某种更为先进的智慧或秩序下运行。对有些人来说，最为强烈的感觉是自己与自然的联系，自己感觉到的山谷、树木、日出以及绿叶。有些人在自己沉浸于音乐或其他艺术中时感受到这种更为强大的精神。有些人在与大家庭联系时可以最为清楚地感受到它。

简单地说，它是我们对生活本身的感觉。

当我们拥有那种感觉时，我们永远也不会觉得孤身一人。相反，如果我们无法感觉到联系——与上帝、与自然、与大家庭、与生活本身——那我们就真的孤身一人，“只有我们自己”。“这种无限空间之中的寂静让我害怕。”17 世纪的科学家布莱斯・帕斯卡尔这么写道——他的母亲在他 3 岁时就去世了。

当人们感觉与外部世界没有联系时，这不仅仅会改变他们对生活的看法，也会改变他们的健康状况。他们的希望日益减少，防御能力也日益低下。人类的身体会由于那种神秘力量的减弱而逐渐停止运作，所有专业医学人士对那种神秘力量都很了解，它被叫作“生存欲望”。

盖比的进步非常显著。在第一次见面之后，我们带他接受了简单的清除步骤，关于这个步骤我们之后会详细解读。形容他的改变的最好方式就是：当他走进我们办公室的时候，他生活在黑白影片里——而当他离开时，一切都开始有了色彩。

三个疗程后，盖比开始能够由衷地微笑，甚至大笑了。

相对而言，内森花了更多的时间来克服自我局限信念。他的问题不是一两个疗程能够解决的，但在经过了一系列疗程的数月之后，情况改变了。那绝望、孤独、愤怒的浓雾开始消散，他开始逐渐恢复与妻子的联系。从那以后，他开始越来越主动地参加各种活动，夫妻关系得到巨大的改善。

不久前，内森和妻子一起出去旅行。我们收到了他的一封来信，邮戳显示是意大利：“我们一次架也没吵！我必须告诉你们，我不再觉得那么气冲冲的了，跟我妻子在一起感觉太棒了！”

“我只有自己”的自我局限信念有下面这些演变：

- 我只有自己一个人
- 生命是空虚的
- 继续下去毫无意义
- 任何事情都没有意义
- 我与世界毫无关系
- 我与上帝毫无联系

- 我恨上帝
- 我恨我自己

你的个人信念评估

至此，你已经完成了对这一章的阅读，可能你也已经感到有那么一条或几条信念跟你有些对应。你现在的任务是分辨出其中的哪一条主宰了你的生活。

为了能帮你从零开始，下面是一些关于这 7 条自我局限信念的系列表述。逐一仔细阅读它们，找到你觉得与自己日常生活经验对应的，哪怕只是部分对应的表述。

同时，请努力回想一下你过去经历过什么重要的事件，考虑一下该事件是否与你的信念有关。你有没有发现它们之间的相互关系？

“我在不安全之中”

- 我无法控制地相信我就要大祸临头，可能是置人死地的疾病，或其他什么能够威胁我的生命的事情。
- 我经常拒绝参加一些有很多我不熟悉的人在场的社交活动，或在当时感觉非常不舒服。
- 我不断担忧自己的健康，而且总感觉我有些什么毛病。
- 我的家人说我对他们过度保护了。但我就是无法停止围着他们打转，总是对他们担忧备至。
- 我对封闭空间／开放空间／高处有焦躁的倾向。

● 我很难表露感情，哪怕是面对我爱的人。

● 在矛盾发生时，我尽全力来避免面对它们。

● 我在面临需要做出重要抉择的时刻经常感到麻痹。

“我没有价值”

● 我不允许自己去追求一些技术、职业、运动、爱好，或其他活动，尽管我知道自己很擅长它们，并会很开心。

● 我在群体面前说话感觉很不舒服。

● 我感觉我是虚假的，我不配别人那么尊重我，或者我不像我看上去那么好，那么有价值。

● 我经常因为害怕被拒绝而不敢提出我认为公平或合理的要求。

● 当别人批评我或很恶劣地对待我时，我很难坚持自己的想法。

● 我似乎很容易陷入对方不善待我或不尊重我的两性关系中。

● 别人告诉过我，我不够在意自己的外表或着装。

● 不管我是否在做一件全新的事情，我总是感觉我会失败。

● 在感情或在事业上，我感觉我已经“定型”了。

● 我总感觉跟我在一起的人比我更聪明、更有趣、更有才华，反正就是比我强。

● 我感觉自己是家庭或身边人的包袱。

● 我经常害怕让别人失望。

“我没有能力”

● 在集体中，哪怕是个很小的集体，我都经常感觉自己被忽视。

● 我有时感觉自己是个陌生人，哪怕是跟我很熟悉的人在一起时。

●我有时感觉被目前的工作／感情／事业困住了。

●我自己经常在想，如果我突然消失了，会不会有任何人发现或在意。

●我总是不被认可、提拔，或得到其他的肯定。

●我感觉我的生活像个旋转木马或者马戏巡演，我对此无力掌控。

●我有酗酒／烟瘾／反应过激／其他的上瘾症状或激烈行为，尽管我知道这些对我有伤害，但我觉得自己无法停止。

●我经常担心世界的现状，感觉自己对改变它无能为力。

“我不可爱”

●我总是担心我的爱人会停止爱我，移情别恋。

●我不相信我有足够的能力来拥有一段完美、满足的爱情关系。

●我总是习惯性地跟那些拒绝我或离我而去的人陷入情网。

●有时候我会把我最爱的人赶走，而我实在不知道为什么这么做。

●有时候我让我最爱的人感到窒息，我不知道自己为什么这么做。

●尽管我知道我的配偶对我是忠诚的，但我还是无法控制强烈的妒忌。

●我害怕对感情承诺，哪怕我知道跟我在一起的人是我真正爱的，因为我无法控制地害怕他们最终会背叛我或离弃我。

●我觉得我被过去严重摧毁了，没有人能真的爱这样的我。

“我无法信任任何人”

●我害怕或不愿去相信男人／女人／任何权威／我的同事或合作伙伴，等等。

●我害怕或不愿相信任何人。

●我身边亲近的人告诉我，我有点儿控制欲过强了。我必须对所有事亲力亲为，才能因此感觉自己做对了。

● 我的孩子／配偶开始生我的气，因为他们说我总是告诉他们该怎么做或不信任他们。

● 我很难与朋友一起享受、放松或参加其他的娱乐活动。

● 我的妻子／丈夫说我不主动。

● 我觉得我能“点石成屎”，什么事情被我一弄就一团糟。

● 我害怕与任何人接近，告诉他们我的感受。

● 我很难信任我自己的判断。

“我很糟糕”

● 我感觉自己是个糟糕的人。

● 我总是期待更糟的事情发生。

● 不管什么时候好事发生，我总是不能享受它，因为我在等待什么倒霉事发生。

● 我对自己的过去所为感到罪恶。

● 我有罪恶感，虽然我不知道我在为什么感到罪恶。

● 我觉得我身边的人没有我会更好。

● 我很难相信好事会发生。

● 在很长的时间里，我在我的工作／感情／健康／生活方面自我损害。

● 我觉得其他人比我好。

● 我克制不住地觉得我有本质的问题，我是个糟糕的人。

“我孤身一人”

● 哪怕在我与其他人在一起的时候，我还是感觉形单影只。

- 我有种感觉，没有人能够真正理解我或了解我的感受。
- 我感觉我不属于这里。
- 有时感觉生活没什么意义。
- 生活对我来说有时候像个大笑话或者大悲剧。
- 我愤恨上帝／愤恨自己。

“如果我不知道我更符合哪一条信念该怎么办？”人们有时会这样问。

这个问题没有答案。再次重申，四步法则是一个很宽容的系统。就算你选择了一个实际上不是百分百对应的信念来克服，你也同样会得到改善。我们不是在谈论吃错药——在这里你吃的药全是对的。有那么一个或两个信念比其他的更契合你的情况，会帮助你找到问题的症结。

但选择任何一个信念都能直接帮助你。

不管你判断自己是属于哪条信念的受害者，遵循法则开始疗愈过程，你都能激活大脑中的同一区块，把普遍观念从“我有问题”转变为“我很好”。与各种你自己的自我局限信念一样，这些相应的正面信念能够逐渐产生效果。

所以……就这么简单吗？只要你找到了错误的症结，找到那个影响你感知系统的自我局限信念的结构，你知道它是因何而起，知道了它们不是事实，你知道了一切是怎么造成的，你就能告诉自己：好啦，过去是那样，但现在不同了。我已经没事了！

对吗？

并不尽然。

事情当然没有这么简单。如果那么简单的话，斯蒂芬妮根本用不着来见我们。如果事情那么简单，你也根本用不着来读这本书，我们更没有理由来洋洋洒洒地撰写这本书。

仅仅辨识了自我局限的错误并不代表你会停止那么错误地感觉一切。正如我们之前所说的那样，简单地知道是不足以改变一切的——悲伤的雾霭阻隔了理性。仅仅谈论它就如同对着电视机吼叫无法帮你转换频道一样，没有用的。

为什么事实会是这样？为什么这些负面信念持续以巨大的能量左右我们的人生？

下面一章我们会给出答案。

第三章
身体记忆储存着心理创伤的真相

"我不理解自己的行为。我不做自己真正想做的事情，尽做自己痛恨的事情。"

——使徒保罗，《罗马书》7:15

从前有一只跳蚤认为自己是世界之王。

有一天，跳蚤决定要去海里游泳。但西海岸非常遥远，跳蚤一跳才区区几英寸。如果它这辈子想要实现去海滩的愿望，它得有交通工具。

于是它对它的大象发号施令："喂，大象，我们出发吧！"

跳蚤的大象从侧面现身并"卑躬屈膝"。跳蚤一跃而上，指着西方说："往那个方向——去海边！"

但大象没有往西边走，它更想去东边的森林里溜达溜达，于是它就这么做了。可怜的跳蚤毫无办法地待在大象背上，一天下来被树枝叶蔓打了一脸伤。

第二天，跳蚤想要大象带它去商店买些什么抚慰一下它昨天饱受摧残的脸，但大象却跑到北边的山谷里快乐地玩耍了一天，把可怜的跳蚤吓得一夜未眠。由于噩梦连连，总是反复梦到山谷一路的雷电，跳蚤卧床不起了好几天，觉得自己就要一命呜呼，每天早上都一身冷汗地醒来。

一周后，跳蚤终于能够勉强地从床上爬起来，跳蚤示意大象来到身边，爬近这个庞然大物，说："我感觉不舒服。求你了，带我去看病吧。"

可大象却兴高采烈地缓步走向西边的海滩，它跑过去游了一天的泳。跳蚤几乎被淹死在那儿。

那天晚上，坐在火堆边取暖的跳蚤有了主意。它对大象说："关于明天……嗯……明天你有什么安排吗？"

你可能已经在疑惑这个故事想要说明什么道理。非常简单：如果你是骑着大象的跳蚤，在你做任何决定之前，最好都该跟你的大象商量一下。

这个故事对我们的生活来说比它听起来更为重要——因为事实上，你就是那只骑着大象的跳蚤。这个故事中的跳蚤代表了你的意识，包括你的智力、力量、意愿以及志向，你的想法、念头、希望以及计划——简单地说，任何能代表你个人的思想。而大象呢？大象是你的潜意识。

为了了解这两种思想是如何相互协作的，或是如何相互冲突的，让我们先从跳蚤谈起。

你聪明的、不可思议的意识

人类的大脑是迄今为止我们所知道的最为杰出、复杂、有力的器官。成千上万的脑细胞通过不计其数的传感路线彼此之间传达信息——比银河系里已知的天体数量还要多得多。可以说，脑容量大到无可计量。

在脊髓结构之上的羊水状脑髓液被头盖骨小心地包裹着，大脑相关的一切都被设计为能够获取最大程度营养、注意以及保护的方式。你的大脑重约 2 ～ 3 磅，仅占你体重 1% ～ 2% 的重量，但消耗了你全身 15% 的血液供给，20% 的呼吸空气量，以及 20% ～ 30% 的体能。

一个普通成年人的大脑有大概 10 万米长的髓鞘轴突（运作的神经纤维），如同一团乱麻，这个球体看起来很像一对咬合紧密的齿轮。其实，如果你想很形象地了解你大脑的尺寸以及形状，现在就去找两个齿轮来把它们放在一起，咬合紧密。

大脑的神经中枢以及末端（如拇指、掌心、指尖）分布在小脑、杏仁核、海马体、脑干以及其他掌管千万种反应功能的身体结构中，比如平衡功能以及驾车技术，感知的控制，以及我们在第一章中提到过的压力反应；涉及意识思考的，叫作前额皮质，也叫额叶。

额叶是大脑的最高指挥官，负责在学习以及观察时将注意力集中起来。这是大脑中负责思考以及反应的部分，你通过这部分大脑来评估观点，做出新决定，实践你的自由意愿。你是通过这部分大脑来进行目前的阅读的，而与此同时，你大脑更为原始基础的其他部分，比如脑干，正在帮你进行呼吸、心跳之类在清醒意识完全掌控下的大量功能运作。额叶决定了你想要去哪里，做出计划，并对其他数以千计的运作成员发出命令并执行命令。这就是有意识的大脑，我们有自我意识的部分。

额叶对于大脑来说是皇冠上的宝石。比我们的拇指、变焦视线或是其他什么特性更为重要，额叶的大小以及与大脑其他部分的关系让我们与动物有所区别。额叶让莎士比亚写下不朽诗篇，让 J.S. 巴赫创造出传世的乐曲，也让达・芬奇构思出伟大的画作。

尽管额叶如此功勋卓著，然而大脑的意识仍然有它的局限性——而且这些局限可以达到非常严重的程度。

乔治·米勒博士是现代认知心理学之父，也是人类感知方面的权威，他是最早用信息处理器的描述来形容大脑是如何运作的人——本质上来说，大脑就是一部活电脑。米勒博士对感知科学最著名的贡献就是关于短暂记忆的“区块”。根据米勒的观点，我们的短期记忆能够同时承载7个区块的信息。比如：7个词汇，7个棋局，7张面孔，7个图像（米勒博士的发现有时候被认为是电话号码标准长度为七位数的理论根据）。有点儿像小丑用小细棍表演转盘子：如果大脑意识试图同时掌控的盘子数量超过了7个，那么很快你就能看到一地的碎盘子了。

但看看大脑同时运作了多少系统！上百万的生理活动在身体内同时进行，如果有某些停止了运作，那会给我们带来不可修复的损伤甚至死亡。细胞新陈代谢，心脏以及循环系统运作，内分泌系统的调节、感知，身体内成百上千个部位的肌肉的顺利运作……这是一个内容无比繁重的任务。假设一下，如果我们必须对身体发生的每一项消化或者内分泌系统的新陈代谢提供意识上的注意，我们会怎么样。如果大脑的意识部分必须关照到每一项运作才行，那么我们最多能活10分钟。

幸运的是，我们不仅仅有意识来掌控大脑。

未被发现的领域

潜意识的概念是近年来才提出的。尽管人们总是感觉有种什么更为深刻的看不见的力量隐藏在某处，藏在意识之下或凌驾意识之上。自古希腊开始，科学家们就已经在致力于发现究竟如何来看人类的“心理”，这个词在希腊语里代表“大脑”或“灵魂”。亚里士多德把想象力（幻想力）描述成感知与大脑之间的距离，解释说想象力是大脑中用来处理特殊图像（幻想）的一个区域，大脑把幻觉结合起来形成抽象观点。每个人类文化里都有着大量关于人们是如何从梦中得到巨大智慧启迪的神话故事。

欧洲文艺复兴时期以及“理性时代”，理性意识得到了更大的提升。笛卡尔著名的心理学论述中说：“我思，故我在。”这曾是单纯个人主观思想的论断的重要部分。几个世纪后，约翰·洛克在著作《人类理解论》中拥护了人类完整透明的自我意识。但这种纯粹的规则论很快就不再能站得住脚。“19世纪末，”托尔·诺里特朗德在《使用者的幻觉》中写道：“关于人类透明完整的意识这一观点已经受到了猛烈冲击，科学家们根据对人类的进一步观察研究持续不断地推翻了前人的观点。赫尔姆霍兹，德国物理学家以及生理学家，于1850年开始研究人类反应……并得出结论，我们大脑中绝大部分的运作由潜意识来掌控。”

到了19世纪末，包括威廉·詹姆斯，亚瑟·叔本华，皮埃尔·简妮特在内的研究者们开始使用“无意识”以及“潜意识”来试图探索这个未知领域。1899年，弗洛伊德在他的著作《梦的解析》中提出了他最为著名的论断：人类大脑中存在着一块巨大的、对我们的生活产生着巨大影响的神秘区域。弗洛伊德把这个区域称作“无意识大脑”，他率先开始了对这个神秘区域的研究，运用对梦的解析以及大量持续的谈话，发现了“通过潜意识的路径”（当“无意识”仍然被大量科学家普遍使用的时候，弗洛伊德公开使用了“潜意识”的表述，这个词如今被广泛地使用，这也是我们在这本书中使用这个表述的原因）。

弗洛伊德关于无意识概念的观点基本上都是负面的。他把无意识看作是那些不被社会接受的愿望、欲望、痛苦压抑的记忆等信息的存储库。与他同时代的科学家，以皮埃尔·简妮特以及卡尔·荣格为代表，把这个观点往不同的方向拓展了，从此心理学有了各种流派。然而，这个时代的研究者以及医生们用来做科学研究的工具仍然没有显著的发展——直到1990年，大脑成像技术得到了飞速发展，其中尤为重要的是核磁共振技术的发明。

与脑电图技术以及脑磁图技术不同，核磁共振技术带来的最大优势之一就是以最为贴近的方式通过头皮来检测大脑的运动，核磁共振技术为更进一步探索大脑内部活动提供了可能，让研究者得以对我们大脑中发生的运动有了更为全面的新理解。这就好比我们花了一个世纪的时间试图用步行来探索地球，而突然之间我们得到了火箭、飞机以及卫星成像技术。

随后，一个伟大的图像开始清晰！潜意识：

潜意识负责了成千上万的新陈代谢方面的程序和潜程序，以及其他所有一切被意识完全忽略掉的功能。

潜意识以每秒百万个字节的速度对感知进行管理分类，而我们的意识仅仅对非常小的一部分有感知作用。

潜意识对记忆进行存档、分类、保管，而科学家至今还无法统计它的具体作业量，那个数字可能是以万兆计。

潜意识对通常被意识忽略的身体功能进行掌控，包括管理身体移动以及平衡、呼吸、眨眼、使用双手以及手指的相关复杂细节，调节包括行走、说话、驾驶车辆等复杂行动。

乔治·米勒，那个提出了“组化”概念的科学家同样也帮助我们对意识的操作量以及潜意识的操作量做出了区分。根据米勒博士的研究，意识以平均每秒 20 ～ 40 个神经元灼烧来运作，而潜意识却以每秒 2000 万～ 4000 万个神经元灼烧来运作。换句话说，用潜意识来对比意识，我们是在拿 100 万来对比 1。

这与之前的比喻大致相符，正如大象的体重对比跳蚤的体重。

水下冰山

我们办公室的一面墙上挂了一幅冰山的图画，来提示我们人类天性中的这个事实。

一般来说，大概 1/10 的冰山会显露在水平面之上，这就代表着 9/10 的冰山隐藏在水下。这与人类大脑的模式类似，只是数据有些区别。在物理组织上，大概有 15% 的大脑为意识工作，接近水面之上的冰山大小。但在信息处理量上，意识大概处理了大脑总功能信息量的 1/100。

换句话说，大脑就是一座 99.9999% 隐藏在意识之下的冰山。

我们可以把沉浸在水下的部分拔出非常有限的一点儿。比如，当我们一路上想着我们要去商店里买点儿什么东西的时候（如果超过了 7 件东西，那么你走之前最好列个单子！），当我们试图回忆起某个我们在学校读书时认识的人时，当我们回忆起我们长大的地方时，当我们记住一个电话号码时。

但你不可能记得住你所认识的每个人的电话号码或者记住所有你遇到过的人，哪怕你认为你都记得，也只可能记在你大脑沉在水下的那部分冰山里。如果你要立刻记起一切，那么你的意识大脑将会被各种信息淹没而失去功能。意识必须在集中的时候才能正常运作。

意识大脑集中在我们一生中一些特定时刻发生的非常有限的事情上。它能够转移注意力到另外一件新的事情上——但它与执行这个行为需要的主要动作无关。当你试图回忆某个事情时——比如某个电话号码，某个你之前遇到的人的长相——你的意识会进行与之相关的搜索。就像船上的舰长对航天飞机发出命令，而航天员会执行命令，航天员就是你的潜意识。

使用意识如同在所有的灯光全都熄灭的夜晚站在博物馆中心。你站在黑暗之中，而你的意识就如同一支铅笔粗细的小手电筒，你可以用它来照亮任何一个小架子，任何一件展品，但你没有办法同时照亮整个博物馆。

这意味着我们可能很难了解我们相信的一切。

信念是更为强大的想法。如果想法是冲下山谷的雨水，信念就是地面上汇集成流的沟渠。就像我们在第二章中读到的那样，我们通过构建新的神经组织以及突发连接来形成我们的信念。从很大程度上来说，信念存在于潜意识之中。信念是思想的子程序。如同呼吸一样，我们可以刻意把注意力放在呼吸上，但 99.9999% 的时候，我们并不曾刻意想到我们的信念，我们只是由它们左右——正如呼吸一样。

通常，一切都没有问题。但当我们形成的信念与我们的意识下的欲望、企图、价值观、人生目标产生直接冲突的时候，我们就有麻烦了。因为当“跳蚤”想要往西走，而“大象”决定走向东边或北边时，我们几乎是毫无办法，只能由着它走向它想去的地方——而正如跳蚤经历的那样，这段路可是会让它吃尽苦头。

意识与潜意识

潜意识主要靠联系来运作。它把一件事情与其他事件联系起来。换句话说，它很注意对应，并总在背景上起效。这意味着当我们在意识中有了某种经验，我们的潜意识也忙碌地在背景历史中寻找对应的经验或从某种角度来说相似的经验。它喃喃自语："我要利用什么来面对当前的情况呢？"

这种对比思考有时候可能会浮出水面进入意识领域。但大多数时候，对比思考在我们未曾意识到的潜意识中进行，这样我们可能会发现我们用不合逻辑的做法来应对某种情况（比如克雷，那个吓得趴在地毯上爬行的飞行员）。

这就是我们的早年经历能够对我们当下的生活产生那么巨大的影响的原因：当我们意识的"跳蚤"留意着当下正在发生的事情，潜意识的"大象"正持续在过去大量的信息中回忆搜索有没有与之相关的事情，哪怕之间的联系不是那么容易被发现，潜意识就是要发现之间的相似之处，需要非常聪明才能完成这项任务。

从生存的观点来看，这个策略非常有意义：对未来最好的预测来自过往的经验。如果我们闻到一股气味，看到一个景象，听到一个声音，能够让我们回忆起多年前曾经遭遇过的一头饥饿的老虎，那么能够迅速找到那段记忆，以此为警戒传递给杏仁核以及肾上腺就至关重要了，而且越快越好。潜意识比意识的反应能够迅速 100 万倍——千真万确。

但如果原始信息是歪曲的，那么这种预警机制就不起作用了。进来的是垃圾，出去的也是垃圾，就像计算机程序员说的那样。如果你的原始结论是有错误的，那么你在这个原始结论基础上形成的任何结论都将是错误的。同样，如果我们在创伤或微创伤童年经历的基础上构建起任何信念，比如“所有我亲近的人都会抛弃我”，或者“我是个骗子，是个失败者”，那么这些将会是我们的大象用来决定往哪里走的参考信息。

重申一遍，潜意识在发现这些线索时是极其灵活的。我们感知的频率——也就是我们的潜意识参与的部分——我们意识感知的是潜意识的百万分之一。这是个庞大的信息集合。如果你的意识感知与你的潜意识结论没能达成一致，那么猜猜看哪个会赢？

拿两性关系来做个例子吧。

你遇到一位新的异性。在你微笑着打招呼说“我为你开门好吗”之前，你的潜意识已经以光速处理了几百万的信息字节，搜索了过去你所遇到过的任何人以及任何事——生理特征、面部表情、礼节、着装、说话方式、气味、声音等任何细节——然后在你的大脑中迅速做出了结论：“他很危险，你不能相信他，他可能会背叛你，他跟那个三年级时取笑你的小子一样说话含糊，他的眉毛简直跟你爸爸的一模一样——记得你爸爸是怎么训你的吧？”

你可能没有意识到以上任何一点，但这些影响了你的感知，用很抽象的方式——非常抽象的。在意识里，你想，“哦，他看起来是个好人。”在潜意识里，百万个神经在嘶吼：“别接近这家伙，你不能信任他，他会伤害你的！”

突然之间你变身成了那只跳蚤，你想要跟新朋友去海滩——可大象却要冲向相反方向的森林。同样的情况不仅仅发生在两性关系中，生意关系、同学关系、友谊、人类接触产生的任何类型的关系中都能发现这种冲突。

这非常好地解释了斯蒂芬妮的情况。她面临的最大困难就是意识上想要往一个方向去，可她的潜意识信念却把她拉向相反的方向。

回想下斯蒂芬妮的童年经历我们就能发现这种冲突。手里握着25美分兴冲冲地回到家，她觉得自豪而且愉悦——直到她父母的反应传递给她的信号是她应该为自己的行为感到羞耻，而不是自豪。类似的冲突也存在于她的成年时代。从一个方面来看，她努力工作，很有成就，在她居住的区域，在她的家庭生活中，她都获得了令人尊敬的成就。但从另外一个方面来看，那个萦绕在她心头的声音始终在那里："不论是什么你为之自豪的事情，事实上你都该为之感到羞耻。"

斯蒂芬妮的"跳蚤"受过良好教育，有技术，非常聪明地致力于创造成功的事业，不仅造福自己也造福其他许多人，在此过程中为社会做出了杰出的贡献。但这并非是斯蒂芬妮的"大象"想要前进的方向。

还记得克雷吗？那个对高度有深刻恐惧的飞行员。克雷的"跳蚤"让他能够快乐从容地前往附近的高层酒店顶层的旋转餐厅用餐。他的"大象"拒绝走近那个地方。

用一种常见的描述来形容，我们可以说斯蒂芬妮用"两个意识"来考虑成功，而克雷则用"两个意识"来考虑悬空在高处是否安全。在这两个案例中，这可能都是千真万确的原因——两种意识：一个是意识，另一个是潜意识。两者的关系正如跳蚤与大象。

这正是四步法则的开头就确切地提出的问题，故事里的那只跳蚤也有同样的问题：那头大象到底要去哪里？我们深信不疑的到底是什么？

我们如何才能得知那头"大象"的去向

斯蒂文一直被大家看作是天性友好、善于社交的家伙，你应该永远不可能知道他有什么问题，而这问题却是千真万确的。

“我们一起出去吃晚饭，”他的妻子与他一起坐在我们的办公室对我解释原委，“斯蒂文先要打电话给餐厅确定我们要点的菜都做好了，然后我们才去餐厅。他想要走进去就直接能吃东西，吃完就立刻离开，越快越好。”

“不是我想要这样，”斯蒂文补充，“而是我不得不这样。”

一个成功大公司的高级销售总监，事业顺风顺水，斯蒂文的位置注定了他与人们必须保持互动。他的客户从来没有感觉哪里不对头，但斯蒂文的内心在每一个他参加的社交场合都备受煎熬。不管是与同事一起，与潜在客户一起或是与家人朋友一起，斯蒂文只想要冲去餐厅，吃完就走，不做片刻不必要的停留。对他来说最理想的状态，可能就是出去一小会儿然后晚上 8：30 已经上床就寝了。

“我知道这让我的妻子和孩子们快要发疯了，”他说，“差不多我们刚到什么地方，我就想要回去而且不得不就那么走了。我知道这很奇怪，可我也不知道怎么回事。我就是这样。”

斯蒂文的大象在发号施令，把他的生活变得一塌糊涂。那么这只大象到底要去哪里呢？为什么要去那儿？

我们采用了一个方法——这个方法我们稍后会带大家一起了解——我们发现在斯蒂文六年级到七年级之间时发生了一件非常重大的事件。

“哦，我完全清楚发生了什么，”他说，“我们搬家了。”

斯蒂文 11 岁时，全家搬到了另外一个社区的新房子，他开始在新的学校上学读书。他突然间从一个受欢迎的男孩变成了一个默默无闻、无人理睬的家伙。他很快成为别人找碴儿的对象，他有些过早地经历了这些，而由于还没有人认识他，所以没有一个人帮他。

斯蒂文生命中的这一章节并没有延续很长时间。由于天性擅长社交，没过多久斯蒂文就交到了新朋友。但那段被孤立欺负的经历在他心里留下了巨大的烙印，哪怕是作为成年人的现在，他对于出去参加社交聚会也感到非常的恐慌。他 11 岁时候的经历仍然在告诉他，自己可能会被找碴儿挑衅。

这是一个典型的“我在不安全之中”的案例。

我们带着斯蒂文接受了四步法则的疗程。他的妻子第二天打来电话，非常兴奋地告诉我们：“我们昨晚去了一家餐厅。我们坐下来，吃东西，聊天——前后待了超过一个小时！”我们继续进行斯蒂文的疗程，帮助他回忆过去发生的事情，对一些早年事件做出了分类，并逐一消除了它们对斯蒂文的影响。几个星期后，他的女儿报告说：“看着我爸爸出去社交实在是太神奇了。我们那个晚上出去参加了一个大概有 30 个人的聚会——他在那儿待了整晚！”

斯蒂文很快也告诉了我们自己的改善为他省了一笔开销。由于普通客机总是让他焦躁不安，所以不管何时，当他与妻子必须飞行到什么地方时，他总会花钱包专机前往——而这笔钱现在可以省了。

问题解决了，直到事情变得很奇怪。一天斯蒂文打来电话告诉我们另外一个改变——一个他从来没有透露过的事情。

大概 30 年前，斯蒂文曾经在雷电中从房顶上摔下来，而且摔断了脖子。他奇迹般地没有瘫痪，而且很快就恢复了，但从此他背部以及颈部经常出问题。他到处求医问药，不仅接受了脊椎指压治疗以及整形外科医生的治疗，任何可能的解决方法他都尝试了，但就是无法彻底康复，疼痛持续地折磨着他，从未间断。

“我不知道你们做了什么，”他告诉我们，“但我脖子和背部的慢性疼痛消失了。”

当然，不是我们做了什么，而是他自己做了点什么——他确认并且清除了创伤，这使得那些为他带来压力的阴霾最终烟消云散。

斯蒂文的问题是，虽然他的跌伤已经治愈，但这个创伤带来的回音没有消散。它能够迅速给斯蒂文带来强烈的负面影响，摧毁斯蒂文的心理——害怕跌倒，害怕死亡，害怕家人。他的受伤区域的肌肉里存储了与那次受伤相关联的情绪创伤。虽然整个受伤过程不过几分钟，而且伤口在几个月后愈合，可与之相关的情绪反应仍然长达几十年地持续影响着斯蒂文的肌肉神经。大卫，那个害怕去陌生地点的记者，当他解决了自己的心结也同样顺带解决了其他问题——因为这些现象对于潜意识来说，并没有区别，不过是同一概念的不同表现形式，那个概念就是：“我在不安全之中”。

从生理角度来说，斯蒂文的脖子肌肉没有任何问题。但这些肌肉知道一些斯蒂文的意识不知道的事情：它们知道“大象”在想什么。

它们是“大象”想法的一部分。

堪黛斯・波特博士在国家健康研究中心神经医学的大脑化学研究部门担任部门主任长达 20 年，波特博士是生理健康创伤以及情绪健康创伤关系方面的权威专家。

“人们很难去区分生理疼痛与心理疼痛，”波特博士说，“通常，当我们为过去发生的某个不愉快的经历郁郁寡欢时，我们每个级别的神经系统都存储了相关的信息，甚至包括细胞组织。我的实验结果显示，所有的感官——视觉、听觉、嗅觉、味觉、触觉——都是被过滤的，而记忆通过‘情绪分子’存储下来，情绪分子大部分由神经肽以及其他的感觉器官组成，遍布身体和大脑的各个领域。”

科学家们通常认为绝大部分神经肽存在于大脑中，直到波特博士以及其他的研究学者证明我们的身体遍布了类似的神经感觉器官。换句话说，我们的身体各处都存在着同样的智慧，那不仅仅藏在颅骨内，而且身体的大脑比意识大脑知道的信息多得多。

从某种角度来说，肌肉记忆确实是我们潜意识智慧的一部分。潜意识的运作不仅仅只存在于大脑某个区域，也遍布了我们全身。身体的肌肉以及其他的组织，就是潜意识大脑的一部分。

我们接下来就可以利用身体的智慧来了解我们的潜意识究竟在想些什么。

你的身体知道一切

你可能想要知道我们是如何推测出有什么事情发生在斯蒂文六年级与七年级之间的，我们使用了一种被我们称为“神经肌肉反馈”的技术。

这个技术经常被称为“肌肉测试”或“应用人体运动学”，这个简单的步骤可以挖掘出被测试人不曾意识到的大量信息，包括从健康状况到他或她的个人历史、家庭变故相关的大脑当前状况等细节。

这个技巧很重要的一个优点是假设的简单度。基本的概念是身体有着准确无误的认知以及彻底的自我了解。从本质上来看，我们比自己想象中要知道得多很多。我们的意识可能没法了解很多身体的信息，但我们的肌肉和体表神经可以。

从某种角度来说，这是个常识。我们举例来说明一下。比如说，当我们要告诉某人一个能引起情绪变化的消息时，不管是噩耗还是佳音，我们会说："你可坐好了啊！"为什么？因为我们本能地知道强烈的情绪爆发可能会让我们的肌肉突然瘫软。你可能对短信符号 LOL，ROFT 很熟悉——它们代表大笑出声，满地乱滚。在短信符号流行之前，我们曾经说："我笑得从椅子上跌下来了。"

这可不仅仅是说说而已。强烈的情绪的确能够引起肌肉神经的回应。事实上，科学研究表明，不实陈述导致的压力能够引起人们任何地方的肌肉力量减弱 5% ～ 15%。虽然这不是巨大差异，但却已经足够被清楚地观察到。而且，无论被测试人是否清醒意识到自己所说的是谎话，肌肉力量的减弱都会发生。

意识可以尽情跟我们耍诈——但身体永远会据实相告。

简单地说，神经肌肉反馈是这样操作的：你伸出上臂来做一段陈述，测试你的实验人员会轻柔但坚实地按压你的手臂。如果你的陈述是真实的，你的手臂会反抗实验人员的按压保持原状。但如果你的陈述是不实的——不管你是否清楚地意识到这一点——你的手臂都会微弱地被实验人员压下一点。

神经肌肉反馈为我们打开了一扇新的信息窗，它直接揭示了深藏体内的潜意识信念贯穿我们的体表神经以及肌肉这一现象。

事实之窗

在我们之前说到斯蒂芬妮第一次来到我们办公室时，我们没有告诉你们一个细节：在回忆她的个人历史之前，我们花了几分钟为她做了神经肌肉反馈的测试。

当斯蒂芬妮的手臂都被按压住时，我们问她："你在 5 岁或更小的时候被什么事情伤害过。"她的手臂因减弱了力量被压低，这代表我们说的是错误的——"没有任何事情在我 5 岁或者更小的时候伤害过我。"

"当你 6 岁时……"我们继续说。她的手臂力量再次减弱：不，也不是那个年纪。"当你 7 岁时。"这回对了。斯蒂芬妮的手臂这回保持原状，表明陈述是正确的。不管我们提到的那件在她 7 岁时伤害过她的事情是什么，她的神经肌肉知道这件事。

而当我们准确地告诉斯蒂芬妮她在什么年纪遇到了那件影响她人生的重大事件时，她立刻知道我们指的是什么事了。

按照斯蒂芬妮的想法，那个关于阿姨给了她 25 美分的往事发生在小时候，很久之前的往事是不值一提的旧闻。但这事不是旧闻——她的神经以及肌肉纤维仍然在与此相关的情绪影响下颤抖。她的意识说："好啦，小事一桩。"但她的身体在狂呼："这事事关重大——我仍然在为此烦恼！"

我们都很善于自欺欺人，那是我们活下去的办法。我们杰出的自欺欺人的才能让我们为了能在当时感觉好点儿而否认事实。神经肌肉反馈揭开了否认的面纱，表面上说："哦，我早忘了那事了。"可事实上内心里完全不是那么回事。

斯蒂芬妮第一次见我们的那天，后来我们又做了另外一次神经肌肉反馈来帮助她更好地回忆起我们发现的东西。我们让她说"我是某某公司（斯蒂芬妮的公司）的总裁"，毫不意外，她的手臂强劲地保持着力量。然后我们让她说"我想要在经济方面获得成功"，她的手臂令人惊讶地减弱了力量。

我们让她说："我想要得到家庭的幸福。"她的手臂保持力度。这是真实的。她的"跳蚤"和"大象"达成了一致，"它们都想要同样的东西”。但当我们让她说“我想要幸福”时，她的手臂力量减弱了。她的“跳蚤”想要她幸福快乐，可她的“大象”不同意。

如何操作基本的神经肌肉反馈

为了给大家提供神经肌肉反馈的简单演示，你只需要与一个愿意帮助你完成测试的伙伴一起来操作就可以了。你的伙伴并不需要知道你的背景或任何细节，他只需要按照下面的简单提示来操作一切。（我们在这本书的官方网站 www.codetojoy.com 上提供了简单的视频指导。）

1. 中和运动

为了确保能够获得准确的结果，被测试人（你自己）与伙伴（你的朋友）最好能够先花几分钟来平衡一下你的神经肌肉系统，可以通过一个简单的呼吸训练来达到这个目的。我们把这个呼吸训练叫作“交叉双手呼吸法”，你需要做如下的动作：

坐下来，把你的左脚踝交叉在右脚踝上。

把你的左手放在右胸口，手指平放在右侧锁骨上；把右手交叉放在左胸，右手指平放在左侧锁骨上。

交叉双手呼吸法

用鼻子吸气，口腔呼气。吸气时，用你的舌头舔住你门牙后的上颚，呼气时，让舌头松弛在下门牙后。

保持这样平缓地呼吸，放松两分钟。

你会发现这个步骤不仅会帮助我们在接下来得到准确的结果，也能帮助你明显得到放松。我们在下一章还会再次谈到这个训练，了解这个步骤以及其他针对身体的类似训练的重要性以及原因。

现在，我们还是来继续掌握神经肌肉反馈的基本要点吧。

2. 感受

在测试的开始，你要与你的伙伴面对面站好。你（被测试人）从侧面垂直伸出一只手臂，手心向下。在你保持着手臂伸展的状态下，你的伙伴（实验人员）把一只手的手指放在你的手腕上，并向你的手腕施加压力，轻柔但是坚定地，当你反压压力时，手臂要保持垂直。

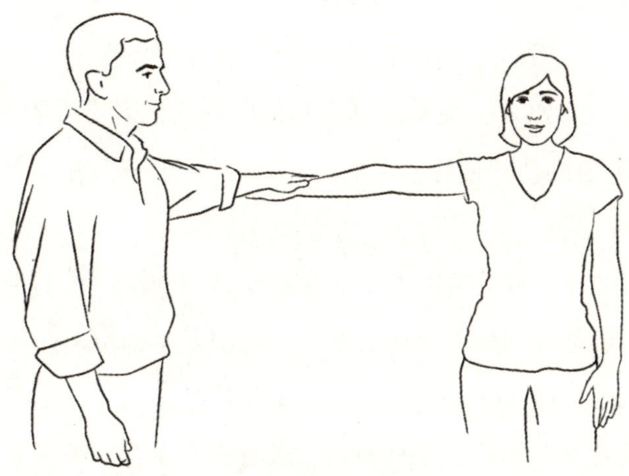

神经肌肉反馈法

起初，测试人员向下压你的手臂但能够感觉到你的手臂反压。你们两个人谁都不能用力反压或者缩回手臂。这个动作可以想象成是“校准”——你要发现实验人员需要多大的向下压力来平衡被测试人的反抗。

3. 测试真实表述

当你说出你的真实姓名时，让你的实验伙伴测试你的反应，你应该很容易就保持了之前手臂的状态。

4. 测试不实表述

现在让你的实验伙伴在你说出其他人名字时测试你的反应，“我的名字是……”，你说的不是自己的名字。换句话说，你说谎了。你的肌肉会非常明显地减弱力量，而无法抵挡实验伙伴施加的压力，你的手臂会从原先的位置移开。

5. 测试其他的真实 / 不实表述

休息一下，摇摇你的手臂，然后重复之前的步骤。

这一回，我们来尝试测试一下其他的真实或者不实表述：“今天是星期一”，或者其他随便什么。然后，“今天是……”说一个与事实不符的日子就行。

要注意的是，你的肌肉力量只会减少 5% ～ 15%，你的手臂不会完全松弛下来。但你要观察到具体的变化。在很多案例中，许多被测试人会竭尽全力来保持自己的手臂不会“减弱力量”。

可以用这个来测试一系列的真实或者不实表述，闹着玩也行，我们经常先是测试“2 加 2 等于 7”，然后测试“2 加 2 等于 4”，或者先是声称自己的虚假岁数，然后测试当自己说出真实的年龄时的反应。

别玩过头以至于你厌烦了或是手臂累酸了。测试到能够清晰地分辨手臂力量变强与力量减弱之间的区别就足够了。需要说明的是，这不是一个关于意愿的测试，被测试人或实验人员都不该过于用力。关键在于，实验人员的目的不是要压下你的手臂，而是要与你一起发现你手臂的力量变化。

现在，让我们利用这个工具来探索你的潜意识吧。需要注意的是，在与斯蒂芬妮的会面中，我们使用了两次神经肌肉反馈法：一次是用来找出她的负面过往经历，一次是用来找出她的自我局限信念。那么现在就开始对你自己进行测试吧，先从找出那个过往事件开始。

利用神经肌肉反馈法确认过往经历中的特殊事件

回想一下我们在第一章中说过的，你想出了过去经历中的几件事情可能对你的人生产生了长期负面影响。你可以用神经肌肉反馈法来确定其中哪几件与你目前的困境或问题的相关度最高。

可能有好几件重要事件，但我们先来找出“最为关键”的那个，也就是对我们造成最强烈负面影响的那件。

先来列出那些重要事件，这个你在第一章中就应该做过了。现在逐一测试这些事件，就像你测试那些关于你名字以及日期的简单陈述一样。

“祖母的去世对我目前的问题有着巨大的影响。”

“祖母的去世对我目前的问题没有巨大的影响。”

要确定的是，你必须以陈述的口吻来做测试，而不是问题。每一个你做的测试都必须符合陈述的口吻："是这样的"或者"不是这样的"。

当你能确定哪些事件意义重大时，你就能把测试更进一步：

"祖母的去世是对我现在的生活造成最严重负面影响的事情。"

"祖母的去世不是对我现在的生活造成最严重负面影响的事情。"

在第一章中，我们建议你把所有的重要事件言简意赅地表述出来。现在你该明白这将是多么有用了。简短的陈述比冗长复杂的陈述更容易进行测试。

同样为了更为简明，最好你也能缩小范围找出那个过往事件。当然，可能不只一件事情曾经对你产生过影响，你迟早可以逐一克服所有这些影响。但在你首次使用四步法则时，最好是能够集中在一件过往事件上。

之后，你可以再重复一次所有步骤，再次集中在另外一件过往事件上，然后第三次……你想要重复多少次就重复多少次。在斯蒂芬妮的案例中，我们一口气帮助她回忆并清除了三件重要事件的影响。

但现在，还是先集中在一个事件上。

利用神经肌肉反馈法来确定你的自我局限信念

一旦你把过去发生的事件全部追溯了一遍后，你就可以使用同样的方法来评测在第二章中你总结过的自我局限信念。

“我觉得自己在不安全之中是我最强烈的自我局限信念。”

“我觉得自己在不安全之中不是我最强烈的自我局限信念。”

在对过往重要事件的测试中，你可能发现了不止一个的自我局限信念。事实上，这是好事。大多数人都不止有一个，而是有至少两到三个自我局限信念。但还是要重申一遍，找出对你影响最为强烈的一个自我局限信念，并从现在开始克服它是对你最有帮助的做法。

正如我们在第二章中说过的那样，这里没有错误答案：四步法则是一个非常宽松的系统。哪怕你选择了一个并非与你目前的状况最为契合的自我局限信念，你仍然可以得到改善。只是说，你越能准确地发现正在影响你的事件、信念，你就越能得到戏剧化的巨大而且迅速的改善。

这真的有用吗?

“我们怎么知道不是别人用力按下我的手臂，而是测试起了作用呢？”人们经常这么问我们。

这是个很合理的问题。我们在多年前开始研究这些步骤时也不禁有同样的疑问。但神经肌肉反馈法的结论是被科学仪器以及科学方法证明了的。

关于神经肌肉反馈法的最为强大的证明发生在 1999 年，宾夕法尼亚杰弗逊医学院的丹尼尔· 墨蒂教授与他的同事们做了个测试，当时他们把一群医学系学生集合在一起，让他们说出一些真实以及不实表述（从语言学研究的角度，他们被暴露在一致或不一致的语义刺激中）。

这项测试不涉及人员因素。他们使用电脑化的动力测试来测量被施加到被测试人的三角肌（肩膀）上的力量。这些纯粹的物理仪器测量出在被测试人持续表达不一致的（也就是错误的）陈述时，肌肉反应力量减弱了大约 17%。

正如我们之前提过的那样，这个测试过程不应该刻意用力。我们曾经有一个有趣的机会来测试一个来找我们的世界著名运动员，我们就叫他丹好了。

曾经做过养路工的丹，在当时是世界排名第二的举重运动员。当时他从东海岸飞来参加一项在加利福尼亚举行的国际赛事。当他找到我们时，我们问他能否与我们做一些简单的精神肌肉反馈测试，他欣然同意了。

丹是我们见过的块头最大的男人。当他举起手臂给我们做测试时，感觉像是我们把自己的手放在一个树桩上。根据我们的示意，他以陈述真实姓名开始了测试。毫不吃惊地，我们无法撼动他的手臂（这个男人的力量跟一匹大马差不多）。然后，同样在我们的示意下，他开始陈述一个错误姓名，这回出现了值得记载的变化。我们轻而易举地压下了他的手臂。

他自己都觉得难以置信。他曾经坚信这一切都只是个小把戏。“我再试一次。”他说。我们又做了一次测试。这一次，他想要竭尽全力保持手臂原先的姿势，可他就是做不到。

这就是肌肉测试的美妙之处：很简单，但很有效。

问题的解决

“如果我的测试伙伴感受不到任何差别怎么办？”

首先要确定的是，你的测试伙伴在你做完陈述后要稍等一会儿才开始轻柔地施压。同样要确定的是，这个力道应该是轻柔的、持续向下的施压，而不是突然的发力。

“如果我的测试伙伴不是很确定或者自相矛盾怎么办？”

首先确保你在测试时要集中注意力，而不是心不在焉地想别的什么事情或别的人，从而信口一说。神经肌肉反馈法与你陈述时的音量无关——不管是大声还是轻声，如果你在陈述时精力全都集中想着其他事情，这将影响最后的测试结果。

被测试人与测试伙伴最好不要在测试时看着对方，因为测试伙伴很容易就能从被测试人的脸上发现一些蛛丝马迹。测试伙伴应该努力成为一个中立的机构，像一个纯粹的机械手臂那样表现。

如果你对让测试伙伴知道你过去的经历以及你的自我局限信念有所担忧，或者你感觉在测试伙伴面前说出各种信念是件很不舒服的事，你可以一直无声地测试这些陈述。这样的话，你可以告诉你的测试伙伴你将在心里做出一个无声陈述，然后你在测试伙伴可以开始测试时对他们点头示意，这样你的测试伙伴就不会知道他们在帮你测试的究竟是什么陈述。

“如果我的测试结果很傻怎么办？——比如说，在 2 加 2 等于 7 的陈述时，我的手臂没有减弱力量，而是保持姿态怎么办？”

如果你得到了一个清晰的力量变化，而结果是与事实相悖的话，那么你与测试伙伴就该坐下来，做另外两分钟的“交叉双手呼吸”来确保你的系统是平衡中立的。

如果在此之后你仍然清晰地得到同样的结果，那么先不要管它，继续进行到下一个环节。在第四章里，你会知道更多的技巧来平衡、清除你的系统，那时你可能会想要回来重新用神经肌肉反馈法来做个测试。

“如果我找不到任何人能做我的测试伙伴怎么办？”

虽然需要一点时间和联系，但你仍然可能成为你自己的测试伙伴。我们在网站 www.codetojoy.com 上提供了具体的办法。

然而，另外很重要的一点是，虽然神经肌肉反馈法是非常有效有价值的工具，但它仍然不是全部。如果现在没有任何人能做你的测试伙伴，你仍然可以有效地练习四步法则的每一个步骤。

事实上，还有另外三个基本工具可以帮助你来确定过往的负面事件，揭露你想要克服的个人局限信念：

1. 你生活中的证据

从某种程度上来说，我们可以简单研究一下我们的人生结论来发现我们深信着哪些局限信念。我们可能说我们做好了准备开始长期的负责的感情（这是“跳蚤”在说话），但每次我们的一段段感情关系仍然神秘地告吹（这是“大象”的力量）。

这需要我们非常诚实地看待我们的生活。目前你的感情的真实状态是什么？你的真实健康状况呢？工作状况，事业状况呢？

2. 你自己的直觉

没有人比你自己更了解自己。尽管你的意识对超过 99% 发生在潜意识里的事情一无所知，你仍然“潜意识地”意识到全部一切，100% 的。

迎接新的一天你有什么感觉？

3. 他人的反馈

虽然我们比其他人都了解自己，但我们也经常有盲点，而这些盲点经常发生在我们最迫切需要看清的地方。我们身边的人，特别是那些与我们亲近的人可能会更为客观。

家人可能会知道你已经不记得的早年创伤事件，可能有家人或朋友对操纵你生活的一些信念看得更清楚。换句话说，他们可能比你自己更能看清楚你的“大象”。

关于正向思考

理解了意识与潜意识运作的巨大差异后——你也可以说是跳蚤与大象之间沟通的差异——能够帮助解释心理辅导以及其他形式的认知心理疗法的巨大缺陷。正如我们在前言中所说的那样，当顽固的浓雾弥漫了你的心头，怎么谈话都是无济于事的。

当我们试图探索人们过去的历史，寻找那个可能给他们带来压力的过去事件时，我们经常听到人们这样说：“哦，我早就在心理辅导那里做过这些了。”确实，他们可能在谈论完这一切后已经感觉好些了，甚至能够在他们的生活里发现一些改善。可 99% 的情况下，他们仅仅从意识层面处理了那个问题——这就如同只跟海浪的表面泡沫打交道，而不是泡沫下隐藏的巨大力量。潜意识对感觉的状态真正起到了决定性的作用。

这就是为什么那些流行的自我改善方法无法如它们的拥护者所希望的那样奏效，比如正向思考以及肯定法。要记住，意识的作用方式如同空旷黑暗房间中的一支小手电筒：它是有效的一支小光束，但它只能照亮微小的一块地方，而且只在你特意照向那里时有效。一旦你移开光束照向其他地方，先前的那个地方立刻重复回到黑暗中。你可以把所有心力集中到意识思考中："我值得被爱，我值得被爱，我值得被爱……"一旦你回到习惯的模式中去，不再集中精神在刚才的想法上，你的潜意识模式立刻以百万倍更为强烈的方式把你踢回到之前的信念中："我没有价值，我不值得被爱。"

正向思考法的问题就在于此，它可能是正面的，但"它仍然是在思考中"。这就等于用跳蚤的力量来试图左右大象的去向。

这不等于说集中我们的意识知觉毫无价值。有些意识技巧可以非常有效，这也是行为感知辅导卓有成效的原因。当你留心自己是如何思考问题的时候，这可以改变你的情绪状态。这就等于学习怎么演奏乐器，学习一种新语言，或者学习任何新事物——你必须首先有意识地集中注意力在这件事物上，不停地练习直到成为习惯。

问题是当这些早期创伤事件根深蒂固地烙印在我们的神经系统里，左右我们情感的信念结构时，它是很难改变的。有点儿像弹簧——当你把它拉向一个新方向，它似乎任你摆布，但如果你一旦放手，它就立刻弹回原先的形状。为了能够长久改变这些被深信多时的信念，我们需要从最深的细胞层面搞清楚它们。

这就是第二步的目的，我们在接下来的一章会详细探讨这一点。

第一步：确认

目的：确定你最强烈的自我局限信念。

a. 确定你的“行星撞击”事件

列出所有你觉得可能对你如何看待自己、看待世界造成强烈负面影响的事情。

仔细阅读这个清单，确定是其中哪个事件对你产生了最为深刻强烈的影响。

b. 确定你最为强烈的“自我局限信念”

从 7 条自我局限信念中，确定哪个对你来说最吻合。

- 我在不安全之中
- 我没有价值
- 我没有能力
- 我不可爱
- 我无法信任任何人
- 我很糟糕
- 我孤身一人

c. 证实你确定过的因素

利用神经肌肉反馈法来帮助浏览上面两个清单，指出哪个是影响最深的单一事件，哪个是最具代表性的自我局限信念。

第四章
矫正人体磁场电极，平衡身体能量系统

我感到一股巨大的干扰力量，就像有百万个声音惊恐地嘶吼，然后突然归于寂静。

——欧比旺·肯诺比，《星战》

“我当时藏在教堂里，跟我的家人以及其他的村民一起。突然一些手持砍刀的人冲了进来。我的爸爸转过脸对着我说，‘快跑，香黛儿，跑——不管发生了什么事都不要回头看！’”

当那群男人冲进家人藏身的教堂时，香黛儿只有 3 岁。她侥幸逃了出来，但她的爸爸没能这么幸运。经过 1994 年那个可怕的卢旺达夏天之后，她失去了全部的亲人。除了她自己以及另外一个孩子，她居住的村子里其他人全部丧生。从那之后，她的生活被幻觉、噩梦等一系列创伤后压力症状干扰。2006 年，大屠杀过去了 12 年，为了研究一种新型的、非传统的方法来治疗创伤后压力症候群，一个研究小组来到了卢旺达。

小组的领导，来自火奴鲁鲁的卡罗琳·萨凯博士是位言语温和的心理学家，她带着香黛儿接受了一个简单的治疗，并让她叩击自己某些关节的皮肤。在女孩持续叩击的时候，研究人员温和地询问她，让她再次描述那可怕的画面。

“她开始哭泣，”萨凯博士回忆说，“但在我们继续治疗时，她的眼泪止住了，她开始微笑。我说，你现在是怎么样？她回答说‘我能想起我的爸爸陪我一起玩的时候。’”

这是被她彻底忘却直到治疗时才想起的一段记忆。

“15 分钟后，她开始笑出声，”萨凯博士在报告中说，“她告诉我能够再次拥有关于家人的幸福回忆让她兴奋极了。”当香黛儿再次回想起教堂里的惨状，她说尽管自己仍然记得发生了什么，但一切不再那么栩栩如生，不再那么近在眼前。一切开始变得遥远，正如很久之前发生的事情一样。

经过那一次治疗后，香黛儿的幻觉以及噩梦离开了她。那个晚上，12 年中的第一次，她睡了个好觉。

能量心理学的革命

香黛儿是卢旺达 50 名参加了研究的孤儿之一。孤儿院登记的 400 名孤儿中，将近 200 名是 1994 年大屠杀的幸存者，其中 50 名由研究者确认为具有最严重创伤后压力症候群（PTSD）症状。在一次治疗后，50 人中有 47 人不再属于创伤后压力症候群的范畴。更为惊叹的是，一年后卡罗琳与她的研究小组返回卢旺达时，这些治疗结果仍然保持着。孩子们的严重症状不仅是暂时减轻而已——他们的症状完全消失了。

卢旺达的惊人成就不是绝无仅有的案例。从 21 世纪初开始，大量研究证明了一种新型治疗模式的有效性，这种新型治疗模式被称为“能量心理学”。

● 在秘鲁，一个关于创伤青少年的研究跟踪治疗了一群16岁的男孩，这些男孩都被严重虐待过。研究人员把男孩分成两组，每组8人，一组接受治疗，一组没有。正如卢旺达的孤儿一样，接受一次治疗后的8个男孩不再有创伤后症候反应，而且这些成果在一年之后仍然保持完好。

● 在南美发起的一个历时5年半的随机调查研究中，大约5000名被确诊患有某种程度的焦虑失调的病人被随机分成两个实验小组，一组接受能量心理学治疗，另一组接受传统认知行为疗法治疗以及药物治疗。在不告知病人分组的情况下，间隔1个月、3个月、6个月、1年的时长，由独立的医生来评估病人的情况。治疗结束后，能量心理学疗法实验组90%的病人病情得到好转，而传统治疗组67%的病人病情得到好转，76%的能量心理学疗法实验组被确定为症状治愈，而传统疗法组治愈症状的比率只有51%。

● 在一个针对退役军人的随机对照实验中，49名老兵在6次治疗后都有显著改善，49人中有42人不再有创伤后压力症状，也就是说每7个人中有6人完全不再有创伤后压力症状。6个月之后，治疗结果仍然被保持。

如今，除了治疗创伤后压力症状之外，这种技术被广泛应用在多种情况下，比如体重减轻、长期保持体重、恐惧症、测试焦虑症、纤维组织肌疼痛等，还有一些情况仍在研究当中，包括一个与癌症相关的慢性疼痛，以及另外两个关于创伤后压力反应的大型研究，这两项针对退役军人的研究分别在沃尔特·里德医院以及旧金山哥伦比亚太平洋医疗中心进行。

由于患者遭受的创伤压力症状的严重性，以及症状的普遍性，针对退役军人的研究尤其引人关注。就像焦虑以及抑郁的更为严重的形式，严重的创伤后压力症状普遍被认为是“可以治疗，但不可治愈的”。但新的研究成果似乎与传统说法并不一致。

举个例子，一位参与研究退役军人项目的心理医生以基斯为例子讲述了她的研究成果。基斯是在越战期间服役于湄公河的退伍军人，他在交战双方那里都目睹了不少人员伤亡，30 多年后的今天，虽然距离他服役的时间已经很久了，但他仍然被持续不断的幻觉折磨着。“有时候，”他告诉心理医生，“我觉得我看见越共士兵藏在灌木丛后面。”幻觉与侵扰的思绪、巨大的罪恶感、噩梦交织在一起，不断造成严重的失眠，让基斯完全不能正常生活。退役军人协会组织的广泛心理辅导，不管是集体辅导还是单独治疗，对他都毫无效果。

基斯接受了六次每次一小时的能量心理学疗程，治疗过程中，医生让基斯在回忆战争记忆以及其他有压力的经历时，敲击自己某些关节。六个疗程结束后，基斯睡了一个持续了七到八个小时的好觉，没有噩梦，他也报告说自己的其他一些症状都有改善。

6 个月之后的访问以及进一步测试显示，基斯维持了改善的成果。

所有这些了不起的研究成果得出了同样的结论：比起使用药物来治疗“身体”或是进行咨询、行为矫正来治疗“大脑”，能量心理学疗法直接引出了人类器官的第三部分，它是大脑与身体之间的桥梁，它叫作“生理场”。

你是一个能够行走、说话，可以充电的电池

通常的现代药物治疗是建立在心理学、解剖学以及药学的基础上的，以手术以及其他的对抗疗法来治疗身体。精神病药物基本上是用于物理治疗，通过有化学反应的对抗性药物来确认大脑的症状。

而另外一个方面，通常的心理学疗法基本是用来治疗大脑的——通过交谈、行为矫正等手段，力求改变你的感知经验以及思考问题的方式，并通过这些来建立你的行为模式。

但这两种角度都无法吻合我们对人类健康的新解读。新的模式将人解读为由三个部分组成：身体，大脑，“生理场”——一个有传导力的媒介，可以将身体与大脑整合在一起。

研究能量的科学家与心理学家认为生理场至少由三个基本能量组织构成：

- 14 个针灸疗法的“最高点”。
- 形成垂直结构的能量轮或能量中心，它贯穿脊椎，特别包括 7 个中心（有些人认为有 12 个能量中心）。
- 生理场是一个非常精妙的电磁场，从皮肤开始，向外延展几英尺甚至更远。

为求简明，本书中我们将使用“生理场”来指代所有以上体系组合而成的能量整体。

可能理解生理场最简单的方法，就是你自己来发现它的存在，你可以看看贯穿身体的“电极”。

所有的电磁现象都在有电极的情况下发生，电极是两个相反电荷的结合。这从各个角度解释了电极现象，从地球，到你的手机电池，再到次原子粒子。

这也解释了你。

20 世纪的前 50 年，耶鲁大学的研究学者哈罗德·萨克斯顿·伯尔博士发现了某种惊人的物质，它是生理场的基本要素：如同其他的电现象，所有的生物都有北 / 南电极（要阅读更多伯尔博士的介绍以及令人惊叹的生理场研究历史，请参阅附录 B：拥抱生理场）。手术中用一个敏感的电流计可以显示出每个人的器官都清楚地存在正负电荷：肝的上部、心脏的上部、胰脏的上部，等等，都各有一个负极电荷，而这些器官的下部都各有一个正极电荷。同样地，头部、舌头、上颚、每只手或脚，都带有一个吻合的正极电荷。甚至连我们的单独神经细胞都是带有正负电极的。

我们每一个人本质上都是一个人体电池，是一个由多个精密小电极组成的电极整体。伯尔博士经过长期研究，掌握了正常健康人体的电极结构。

当我们的生理健康或是情绪以及精神平衡被打破时，那个天然的电极可能会紊乱或颠倒。

你很容易就可以来测试一下自己的电极是平衡还是紊乱，使用我们在第三章中学习过的神经肌肉反馈法就可以了。

1. 手掌抚头

把手轻放在头部，手心朝下，用哪只手都可以；把另一只手臂侧伸，让你的测试伙伴轻轻向下施压。

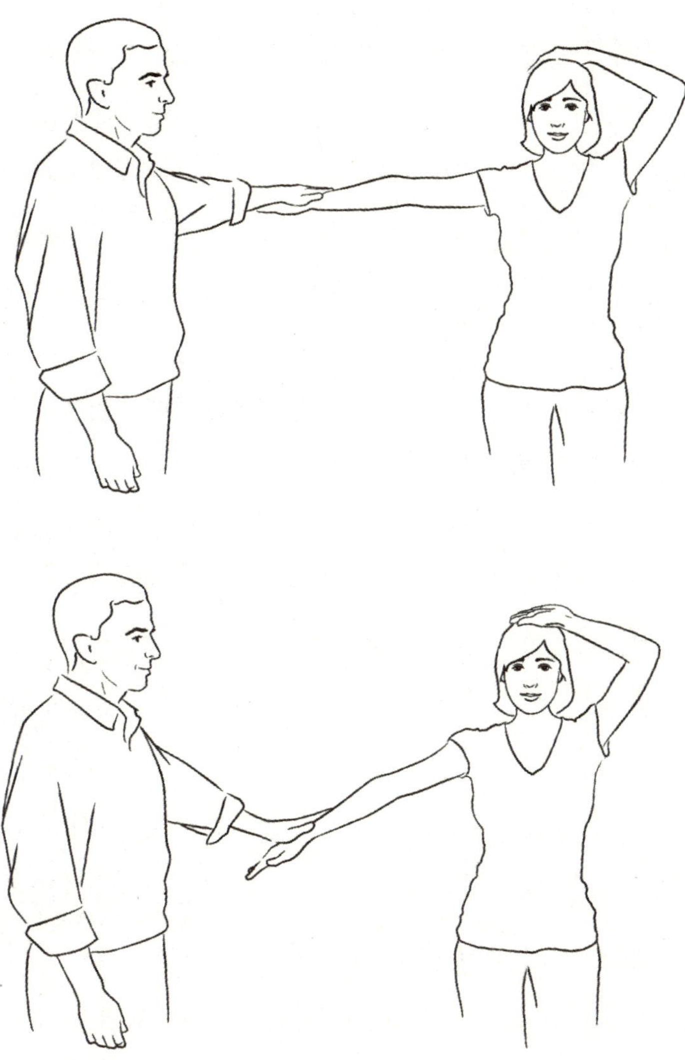

正常的电极

2. 手背触头

现在把你的手翻转，手背放在头顶。把另一只手臂侧伸，让你的测试伙伴轻轻向下施压。

需要再次提醒的是，你们要注意，手臂力量反应增强或减弱的区别是很小的，一般在 5% ～ 15% 之间。但这足以感受到区别。

通常，手心放在头上的姿势应该用来测试力量增强，而手背放在头上的姿势用来测试力量减弱。因为头顶应该有温和的负电荷，手心应该有正电荷，所以它们组成了一个电路——手背放在头上把两个负电荷集中在一起，就像触摸两个电池的负电极，你会感到一点儿抗力或干扰力。

如果你得到的结果是相反的该怎么办？就是说，如果你手心放头上测试出力量减弱，而手背放头上测试出力量增强。这说明你有某种电极颠倒或者紊乱的情况。或者，你在两种姿势测试后完全发现不了任何区别。这也同样说明了电极的紊乱或者颠倒。

接下来，我们将会了解一种简单的技巧来矫正电极颠倒紊乱，但在此之前，我们先来了解一下什么原因导致了电极的颠倒紊乱，这又会给我们的健康带来哪些影响。

电极颠倒

电极颠倒是怎么回事呢？

有慢性紊乱症状的人经常会感觉疲劳乏力。可能很难集中精力或经常感觉“昏昏沉沉的”。还可能经常出些状况，比如颠倒、遗漏数字，记错名字或协调性很差，笨手笨脚，比正常情况下更容易撞到这里或那里。这就好像把玩具车里的电池装反了一样，当你按下“向前”的按钮，车子发动了，但却是向后行走。

比如，你坐在办公桌前看起来没什么大碍，但两个小时之后你发现你无法集中注意力，你做的任何工作都毫无成效。你可能会用各种方式来解释这种情况：我今天就是无法思考。我今天不是我自己。问题不是很严重。这是作者的停滞期。我不准备接受这个挑战。今天是很糟糕的日子……但事实上并没有糟糕的日子这么一说，日子就是日子。所有情况都依然如故，唯一的错误是你处于暂时的电极颠倒或生理场紊乱之中。

颠倒的电极

当你的电极颠倒或紊乱时，你的情绪也可能会受到影响，让你感觉更为自怜、压抑、困惑、忧虑，甚至绝望。慢性的电极紊乱或者颠倒可以导致习惯性的自我损害行为。你已经决定了你要减肥15磅，但你发现自己还是在半夜站在冰箱门口，吃光了整罐的冰激凌。（就像玩具车往相反方向行走一样！）

是什么引起了生理场的电极颠倒或失衡呢？

首先要考虑的因素是我们身边强电磁场的干扰。现代社会，特别是城市中，我们中的绝大多数人生活在电磁场的辐射下。生活或工作在接近高压电线的地方，这种辐射会成为强烈干扰因素。长时间使用计算机的人，特别是无防护电脑，近身携带手机或者大量时间花在电视机旁的人，更容易有电极颠倒或紊乱的问题。

荧光灯也是对我们的生理场的自然电极产生影响的常见环境因素。如果你很奇怪为什么自己总是在下午工作或学习的时候昏昏沉沉，你首先要问问自己的是“我是不是在荧光灯下待了太长时间？”

与化学溶剂等强烈化学品打交道的人经常会有电极颠倒或失衡的状况发生。比较敏感的人群可能会受到日常家用品中的某些成分的影响，比如清洁剂、洗衣粉、洗发香波或是建筑材料以及新地毯散发的气味，特别是全新的建筑。事实上，我们自己也在释放属于自己的气味，当我们在水汽中呼吸或者把燃油沾到手上时，这些东西会立刻对我们产生影响。

我们的意思不是说所有这些环境因素都会干扰我们的自然电极，我们只是说这些都是可能的因素。同样的影响下，并非所有人都会紊乱，或者不会以同样的程度紊乱。要完全避免这些因素也是不现实的或不必要的。简单了解可能对我们产生强烈干扰的因素能够帮助我们用可能的手段来使这些干扰最小化。

你的环境中还存在人为以及情绪因素。创伤、压力、强烈的负面情绪都可以如同高压电线一样干扰你的磁场。哪怕相当小的一个干扰都能够使你的正常电极受到影响。你在做饭，你在打一个销售电话，某人粗鲁地挂了你的电话，糟糕的交通，飞机晚点，关于工作或家庭的一次争吵，等等。

同样，我们身边其他人的压力也会影响到我们。我们可以把一根带电的电线放在另外一条电线旁边，使得后者导电。同样的原理，我们身边的人的生理电极失衡同样能够影响到我们，引起我们的电极失衡或者电极颠倒。一些慢性电极颠倒的人身上带有静电，很像老漫画《花生》里的人物“乒乓”。我们说当有些人进入房间时，给我们一种“坏的直觉”，这可能就是一种干扰。

有慢性电极颠倒或电极紊乱情况的人，不论其原因是工作在有化学毒物的环境下，还是在高压电线旁边，或是有一个恶毒的老板或同事，或是在一段充满压力的感情中——不管原因如何，慢性电极颠倒能够导致健康被逐渐损害。

矫正你的电极

正如我们在第一章里提到过的那样，人类是非常善于自我矫正、自我修复的生物。虽然我们中的绝大多数人都会不时有电极颠倒或紊乱的情况，我们还有大量的人类活动可以自然地矫正电极。

下面是任何一种电极矫正中不可缺少的因素：

- 通畅正常的呼吸
- 贯穿你整个身体的中线

呼吸循环以有韵律的呼气吸气动作交替进行，是身体保持电结构的一种基本方式。用你交叉身体的中线来移动身体，比如你自然地左右协调地爬行、行走、跑步或者做其他有用的动作（特别是在海水里游泳，盐水比淡水更容易导电，恢复平衡）——因为大脑的左右半球在相互作用，重建平衡状态。

这种深呼吸、交叉中线的简单方式应该听起来很耳熟。你在第三章中学习了两极作用的简单例子：交叉双手呼吸。当时我们简单解释了这种方法可以“平衡你的神经肌肉系统”。更为准确的解释是，这种方法通过重建生理场的电极来发生作用。

我们再从电极的角度看一下这个简单的训练方法：

- 在这个呼吸训练法中，完整的深呼气与深吸气支持了电荷的规律转换。
- 把舌尖抵住上颚（吸气时），然后把舌头松弛下来（呼气时）能够帮助重建生理场的电路组织。同样，吸气时用鼻子，呼气时用嘴巴也同样帮助了电极电路，因为正负电荷处于口腔的顶部与底部。
- 交叉手臂，右手放在左侧身体上，反之亦然，这是我们说的“交叉中线”的例子。

这也进一步说明了为什么我们在第三章里推荐在神经肌肉反馈得出错误结论时，花点时间来做“交叉双手呼吸”的原因。在很多案例中，对简单客观问题（比如真实姓名，当天日期，2加2等于4）的错误解读，是因为被测试人或测试伙伴的电极颠倒或者紊乱。在大多数案例中，几分钟交叉双手呼吸法可以矫正这个情况。

我们在很多情况下自然地进行电极矫正。比如，当你行走时，你通常会在左脚向前时右手也同样向前，右脚向前时左手向前。这不仅仅实现了身体的生理平衡，也实现了电极平衡。

等下我们会在这一章里了解到矫正电极的其他一些方法，但 90% 的情况下，一两分钟的简单交叉双手呼吸法都很有用。我们经常会要求我们的客户在疗程的开始做几分钟交叉双手呼吸，而这一步骤通常都会给他们带来明显的，甚至是戏剧化的缓解。

举个例子，我们最近见到一位个人生活以及个人健康都出现巨大问题的女士。在聊了会儿她的个人经历后，为了能够清理一下空气，让治疗更有效果，我们让她做了几分钟的交叉双手呼吸。几分钟后，她环顾四周，满脸曙光又带点儿疑惑。

“喂，这儿是不是光线变亮了？”她问。

事实上，我们见过几千次相似的反应。仅仅通过矫正他们的电极，我们就经常能够看到人们戏剧化的转变。当你开始定期使用电极矫正法时，你通常能够看到生活的各种改变。你不再总是觉得疲倦，你的注意力大大提高，你不再笨手笨脚。这些变化很微妙，但假以时日，会产生巨大变化。当变化持续发生时，有一天就能够改变你的人生。

从杯子中清除乌云

一个年轻的求知者去拜访一位拥有智慧的高僧，他希望老人告诉他通往幸福平静的道路。老和尚于是邀请年轻人进来喝杯茶。

刚一落座，年轻人就开始滔滔不绝地谈起自己的研究，自己对真理的多年探索，以及他所知道的一切。年轻人谈话的时候，老人拿出一壶水，两个茶杯。他开始不断地往年轻人的杯中倒水，倒啊倒，不停地倒。

突然，年轻人发现茶水已经漫了一桌子，流到了地板上。他抬起自己的脚，嚷嚷说："老头子！你疯了吗？我的杯子早就满了，盛不下更多茶水了！"

老和尚放下茶壶，安详地看着自己的客人——那一刻年轻人领悟了。

这正是当我们用积极的新信念、好习惯（旧思想旧行为并未清除）来填满自己时，经常会感觉挫败的原因：如果我们不清除旧的信念，那么这些新信念就无处容身。这也解释了为什么流行的心理矫正方法，比如正向思考、正面肯定等难以奏效的原因。在没有系统地清除乌云，清除持续回响的自我局限信念的情况下，通过重复肯定、视觉化、咒语一般的语句，甚至通过潜意识媒介来试图建立一个新的、正面的信念，都如同往一个装满毒液的杯子里不停倒入新鲜的净水。

我们已经在这本书前面的几章里了解到，过去的痛苦经历经常会制造出大量的心理残骸，就像一团乌云遮蔽了我们生活的大气层。你可以把这想象成静电的积累，除非把它们释放出去，不然它们会无休止地循环下去。

这团静电的乌云有生理方面的，也有心理方面的——就是说它同时影响了我们的身体与大脑。它自身虽然并非生理上的也并非心理上的，但它的能量是。它并非来自大脑或身体，它来自我们的生理场——如果我们想要除掉这团压力的乌云，让身体和大脑的功能恢复平衡，我们就需要准确地了解生理场。

这种紊乱的电荷可以用自然的方式释放掉。比如，通过做梦，我们可以在睡梦中驱散一些静电。各种练习以及生理活动可以帮助释放、中和或者一定程度地减弱电荷。但我们如果想要得到巨大的改善，把侵蚀我们多年的思考或信念模式连根拔掉，我们需要一个更为集中、更为持续、可以预见的技巧，这就是我们四步法则的第二步。

“跳蚤”与“大象”的斡旋

大卫·费尔斯坦博士在20世纪70年代曾就职于约翰·霍普金斯大学，之后他对新兴领域——能量心理学产生了浓厚兴趣。当时的一项研究在哈佛大学进行，研究运用大脑成像技术来实时观察脑部针灸的效果，这项研究可能照亮了诸如卡罗琳·萨凯博士在卢旺达获得卓越成功背后的科学原理。费尔斯坦博士解释说：“哈佛的研究显示，当你指压某个关节，这个动作会将一个信号传送给减少幻觉的杏仁核。这在很大程度上解释了能量心理学的工作原理。”

当你对某个记忆有条件反射的反应——比如，妒忌、愤怒或者恐惧——回想起某个记忆会刺激杏仁核。但当你在回忆的同时按压正确的关节，那么你就同时发送了信号抵消那个刺激。在你屡次发送那个抵消激活的信号后，它会形成新的惯常状态。你就从本质上改变了那段记忆的相关反应。

回想起某段记忆会刺激相关的杏仁核，激发压力反应。但是同时刺激穴位会发送相反的抚慰信号，或者平复你的脉搏。事实上，你在重新训练你相关的杏仁核，让它们对记忆有不同的解读方式。通过直接确认生理场，换句话说，你完全分流了认知过程，重置了潜意识神经反应。费尔斯坦博士把这个过程称作“指压辅助曝露疗法”。

还记得香黛儿的故事吗？萨凯博士让她在回忆家人被屠杀的惨痛经历时敲击自己的关节。换句话说，这与费尔斯坦博士的解释完全吻合。香黛儿的杏仁核被传送了两条不同的信息：记忆唤起创伤反应，但碰触关节传递了一个相反的、镇定的信息。

这个顺序会产生令人惊叹的效果。大脑中回忆起某事是意识感知的行为（“跳蚤”）。而杏仁核以及其相关神经通道是潜意识的主宰（“大象”）。费尔斯坦博士描述的是意识与潜意识之间的媒介——“直接说就是生理场”。

“这不是什么你简单地希望自己去做的事情，”费尔斯坦博士说，“因为它是一种你在创伤事件过程中形成的，以神经为通道的心理反应。”

这个顺序在我们四步法则的前两步中被准确地反映出来。

第一步，确认与你想要解脱的大脑压力状态紧密相连的某种特定伤痛记忆或过往经历，以及与那段记忆相关的特定的负面自我局限信念。然后，清晰地带着这些认知因素，你开始进行清除、解脱、驱散的第二步。

第二步

在第二步中，我们分解清除那些负面形式，以新的正面信念取而代之以前，我们需要从我们的生理场中清理掉静电云。这也是第二步的主要目的。

过去几十年，我们在实践中使用了大量工具以及方法，包括“动眼减敏重整疗法”（EMDR），以及卡罗琳·萨凯在卢旺达使用的关节敲击法。对于四步法则来说，我们希望使用更为简单的方法。你现在正在学习的方法是从许多方法中提炼出的有效实用的精髓部分。

第二步由两种简单练习组成：交叉双手呼吸，地线。

交叉双手呼吸

这个训练是特地为了矫正电极的颠倒和紊乱而设计的。就算某个人的电极并未颠倒，交叉双手呼吸法仍可以帮助清除干扰，更好地平衡明确生理场。客户们通常会从一两分钟的交叉双手呼吸后感觉明亮、清澈、情绪好转。除了它在四步法则中扮演的角色之外，它是你可以随时练习，简单有效，并随时随地获益的动作。

尽管我们在第三章中已经介绍过这个呼吸法，我们还是带着你在此重复一遍：

- 坐下来，把你的左脚踝交叉在右脚踝上。
- 把你的左手放在右胸口，手指平放在右侧锁骨上。把右手交叉放在左胸，右手指平放在左侧锁骨上。
- 用鼻子吸气，口腔呼气。吸气时，用你的舌头舔住你门牙后的上颚，呼气时，让舌头松弛在下门牙后。

地线

在大约两分钟的交叉双手呼吸后，用下面的练习稳定巩固你的生理场：

- 坐直，放松。双手交叠放在太阳神经丛上，也就是你肋骨底部的正下方。感受你腹部的呼吸，缓慢地起伏。

● 闭上双眼，想象眼前有一根电线从你的身体垂直连接到地面。

● 保持那个姿势，缓慢地吸气呼气，持续大约一分钟。

接地练习与现实中的电路接地操作非常类似。它也同样反映了潜意识是一个牢牢扎根于现实中、某个身份中、你自身力量中的一种感觉。

备选方法

交叉双手呼吸两分钟，然后一分钟接地练习是非常有力量的第二个步骤，它能在 90% 的情况下有效地矫正生理场的电极。还有一些备选方法可以在极端案例或超常压力情况下生效。

交叉爬行

有时单独使用交叉双手呼吸无法矫正一个人的电极。你可以判断情况是否适合使用神经肌肉反馈法，就像我们之前介绍过的那样：手掌放在头上，以及手背放在头上。

为防止交叉双手呼吸方法无法矫正电极颠倒的情况发生，我们经常会使用一种称之为“交叉爬行”的训练来达到目的。

● 站立的姿势，抬起你的左膝到与腰部平齐的位置，用右手轻轻地拍击。

● 然后做相反的动作，抬起右膝到与腰部平齐的位置，用左手轻轻拍击。

● 用相反的手持续交替轻轻拍击两个膝盖，以容易行走的韵律。注意在做动作时保持正常的呼吸。持续做大概两分钟。

这看起来是项非常简单的任务。令人惊讶的是，它通常不像看起来那么简单，特别是在最初。

“走之前先要学会爬”，这句老话你肯定听过。这正是这个练习的真谛。其实，婴儿期学习爬行明显地促进了神经逻辑的发展。复杂的左右交替的行动顺序，对左右大脑的整合产生影响。有证据表明，那些在爬行阶段遇到障碍、阻力，或者直接跳过这一阶段的婴儿通常都有负面神经逻辑的后果。

有趣的是，在那些交叉双手呼吸法无法单独发生作用来重置电极的情况下，那个人可能同样在开始时很难做到交叉爬行。慢性电极颠倒的人们通常感觉迟钝，协调性较差。我们经常看到客户必须练习交叉爬行几分钟，然后才知道怎么做——突然，他们无法顺畅地进行交叉爬行，甚至无法同时谈话。你可以真实地看到他们电极上发生的重置。

钻石步态

我们之前说过，行走、跑步或者游泳等正常动作是电极矫正的基本组成部分：完整呼吸，有韵律地交叉中线。有时候，走一小段路都能让我们走出封闭状态。纵观历史，作家以及其他的创作型艺术家这样形容：轻快地走一小段路，差不多等于你听到杂耍演员从高空跌向地面。

约翰·戴蒙德是神经肌肉反馈法最杰出的前驱之一，他提倡了一种轻微蹒跚的步态作为矫正电极的简单方法，他把它命名为“钻石步态”。

钻石步态的关键是以轻快的速度，着重你手臂的挥舞，这样能够完全超过身体的中线。换言之，用右手臂向前挥舞交叉过身体，朝向左边，然后左手臂向前挥舞，朝向右边。

运用这种练习，轻快行走至少 10 分钟，就能够彻底矫正电极颠倒。

交替鼻孔呼吸

交替鼻孔呼吸对于瑜伽练习者们来说非常熟悉，它在瑜伽中扮演了重要角色，经常被提炼成为一门复杂科学。如果你有持续或慢性的电极颠倒，那么每天练习这种左右结构的呼吸方法几次，就能实现“特别有力”的矫正。步骤如下：

- 用右手拇指按压住右鼻孔，闭合它。用左鼻孔吸气。
- 放松你的拇指，用食指按压你的左鼻孔，闭合它。现在用右鼻孔呼气。
- 持续这种交替方式，左鼻孔吸气，右鼻孔呼气，持续做 10 次。
- 现在相反地，用右鼻孔吸气，左鼻孔呼气，持续做 10 次。

完整的练习，一侧 10 次，另外一侧 10 次，总共需要大概 2 ～ 3 分钟。

这个练习可能比较复杂，特别对于已经电极紊乱的人来说。但你练习得越多，就会觉得越自然。

喷溅还是染色?

不是所有的痛苦经历都能带来持久的印记。有些痛苦可以被时间的良药抚平，有些伤痛可以在痛哭一场后得到缓解，疑虑、恐惧可以在倾诉后减轻。同样，我们自身的一些改善，会根据我们大脑的状态，随着我们为人的成熟程度，根据我们的意愿来实现。有时，肯定以及积极思考确实是有效的。

但有时，我们无法在无辅助的情况下，通过努力获得想要的结果。

有些情绪事件很像喷溅物——它们糟透了，但并不是很难去除。你在学校被人嘲笑？被父母训斥？被教练吼了一通？高中时经历了一次痛苦的分手？是的，这些事情让人痛苦，但 90% 的这些经历都能够用一小块肥皂、热水以及纸巾来清洗掉。

但有些事件比喷溅物难处理得多了。它们更像染色，不知道要用多少洗衣粉才能将它们洗去。

如果你有个根深蒂固的信念，建立在过去的微创伤之上，比如“你无法获得成功”的信念，然后你可能竭尽全力用意愿、信念来改变它……但如果你没有先行除去内存的负面信念以及其他深植在你潜意识中的干扰，那么那些旧信念会不可避免地自行重生。

然而，如果你首先清除了旧信念的残骸，为新信念打好基础，那么新信念就会长期自行建立。当你恰当地清除了一段与过去回忆对应的压力，就像香黛儿——卢旺达的幸存者，以及基斯——那个越战老兵，过去的记忆依然存在，但它们失去了力量，不再刺痛。

这个时候，你就可以树立一系列新的积极信念——这正是第五章我们要告诉大家的内容。

第二步：清除

目的：重新平衡你的身体能量系统，做好重整准备。

a. 交叉双手呼吸（2 分钟）

- 坐下来，把你的左脚踝交叉在右脚踝上。
- 把你的左手放在右胸口，手指平放在右侧锁骨上。把右手交叉放在左胸，右手指平放在左侧锁骨上。
- 用鼻子吸气，口腔呼气。吸气时，用你的舌头抵住你门牙后的上颚，呼气时，让舌头松弛在下门牙后。你可以闭上双眼，或者向下看地板来减少视觉刺激。

b. 地线（1 分钟）

- 坐直，放松。双手交叠放在太阳神经丛上，也就是你肋骨底部的正下方。感受你腹部的呼吸，缓慢地起伏。
- 闭上双眼，想象眼前有一根电线从你的身体垂直地连接到地面。
- 保持那个姿势，缓慢地吸气呼气，持续大约一分钟。

c. 备选方法

- 利用神经肌肉反馈法来检查你的生理场电极。
- 对于持续性以及慢性的电极颠倒以及紊乱，你可以使用：

  交叉掌击：大约 2 分钟。

  钻石步态：大约 10 分钟。

  交替鼻孔呼吸：两侧鼻孔各 10 次，大约 2 ～ 3 分钟。

第五章
清除负面信念，树立新的自我促进信念

我觉得我可以，我觉得我能……

——《勇敢的小火车》

“我不知道这样的尝试有什么意义。”一位女士坐在我们办公室的椅子上，她看起来无精打采，一身溃败，“他们说我活不到下一个生日了。那么我在这儿还设立什么目标呢？”

莉迪亚是一位退休的牙齿保健专家，60 多岁的年纪在今天看来还是相当年轻的。她应该还有几十年的好日子在前面呢。然而，大概一年前，她被确诊患有脑癌。

尽管做了手术以及放射治疗，她的病情仍然不容乐观。莉迪亚变得相当沮丧，这也是她的内科医生以及肿瘤医生推荐她来见我们的原因。

当我们回溯她的历史，我们发现莉迪亚一生中被几件事折磨着，包括被一位极端专制甚至可以说恶毒的父亲抚养长大。成年后，她嫁给一位与她父亲有着相似行为模式的男人。这段婚姻以痛苦的离婚收场。然后她就患上了癌症。

莉迪亚的头发在治疗期间全部脱落了，现在重新开始生发。第一次见我们的时候，她对我们坦露她恨自己现在的样子。我们觉得她看起来很棒，也这样告诉她，但她不相信我们所说的。她接下来还提到她特别不喜欢自己的声音。可她有着动听的声音，我们也这样告诉她，以及她美丽的头发。我们不是仅仅为了让她感觉好点儿才这样说。这些都是绝对的事实。莉迪亚是个可爱的人。但在她生命中的这个阶段，她就是无法从根本上接受自己。

我们带着她进行了四步法则，侧重点在由于她父亲持续吹毛求疵而使她形成多年的自我信念上。她开始感受到了转变，但那转变还不是很明显（至少不是马上显现的），我们又安排了与她的另外几次见面来针对问题的不同层面进行辅导。随着我们的见面次数增多，以及她对四步法则的持续应用，她开始逐渐焕发光彩。

当她第一次来见我们的时候，她的病历本上有一张小纸条说她被推荐来见我们的目的是“治疗焦躁抑郁”。几次见面后，我们注意到她病历上的新注解：“抑郁与焦躁问题已解决。”

“解决”——在关于焦躁抑郁的治疗方面，这可不是一个你经常能看见医生使用的字眼。但被解决的不仅仅是她的情绪问题。关于莉迪亚的一切都从那一刻开始改变了，甚至她的健康状况都开始改善。不久，她就焕发了生命的活力，她的肿瘤也开始缩小。她的医生非常困惑，但他们不能否认眼前发生的一切。她的诊断书改变了。莉迪亚的前面有的是时间在等着她。

这里到底发生了什么呢？莉迪亚的转变在好几个层面一起发生。在清醒地意识到自己的自我局限信念，以及一些早期经历的推波助澜后，她做了一个认知上的转变——通过清除她生理场中的那些残骸的静电，她把那转变带到更深的潜意识层面。一旦压力的雾霭消散，对她来说就有可能重新建立自我信念。

从某种意义上来说，莉迪亚重获健康的原因是她能够“认为自己”是健康的。

图像：潜意识的语言

图像的力量对于塑造我们的现实来说是四步法则的核心。如果潜意识是那头驱动我们行为、选择或从根本上驱动我们的命运的大象，图像就是与那头大象沟通的手段。图像是潜意识的语言。

人类拥有非常特殊的能力：我们能够在我们的大脑内部制造出外部事件的现实模式，然后以惊人的速度利用那个内部模式转而影响驱动外部事件的结果。

从某种角度来说，正是这种能力制造了外部现实的有力的大脑图像，使得人类文明的发展变成可能，我们的同仁，医学博士 V.S. 拉马钱德兰在他的著作《脑的幻象》中指出了这一点。这个天然的成像能力体现在被形象地称为“镜像神经”的一种神经上。当我们观察他人的行为，并在我们自己的大脑中复制他们的神经逻辑基础时，神经循环就被激活了，好像我们真的亲自实施了那个行为一样。

“这就好比镜像神经是对他人意愿的自然虚拟现实刺激。”拉马钱德兰博士说。

对于镜像神经的新的理解有助于解释对全身的研究，100 多年前，我们大脑中的图像被认为能够对我们的行为以及生理能力带来实际的影响。

许多这类研究都侧重在“大脑预演”的能力上，以此来提高运动员的表现。举例说，1977 年的一次研究中，一群 72 人的大学篮球运动员被分成四组，所有人要经过为期 6 周的 15 个训练课程。训练课程完全一样，除了在训练之外，四组中有三组接受了 10 分钟的准备工作。第一组的球员在指导下，进行了 5 分钟的视觉化训练，他们想象自己从罚球线投球入篮，之后他们会再做 5 分钟的放松运动。在这 5 分钟的训练中，他们被指导着回忆起身处球场上的感觉。

“尝试着回忆当你接近边界线时的感觉，”录音带里的声音在球员们闭目静坐，仔细聆听时这样告诉他们，“可能你感觉到心脏跳得厉害。你的双腿可能感觉乏力、颤抖或虚弱。汗水可能正从你的脖子、后背滑落。你可能注意到人群变得更加安静，你甚至可能感觉得到他们正注视着你。感觉你自己正在接近罚球线……”每一次训练都以帮助球员视觉化他们将要完成一个完美扣篮为结束。

第二组球员仅仅接受了 5 分钟放松训练，另外 5 分钟进行虚拟的集中精力训练，仅仅是为了时间控制（就是说，A、B、C 组都需要进行满 10 分钟的准备训练）。第三组球员接受 5 分钟视觉化训练加上虚拟的精力集中训练。第四组球员没有任何特别准备训练，训练内容只有他们自己常规的战术训练以及自由投篮。

6 周的集训后，所有四组球员正式上场了。第一组接受了放松训练以及视觉化训练的球员取得了惊人的进步；第二组、第三组都有些许进步。第四组完全没有进步。在空手道、网球、射击等领域进行的类似视觉化分组实验得到的结果也是类似的。

根据更新的大脑成像理论，科学家们能够观察出这类实验的实质：当想象正在做某事时，大脑的相应区域以及通道会被激活，如同“真的在做”那件事一样。

“我们仅仅通过想象就能改变我们的大脑。”诺曼·多伊奇博士在《大脑改变自己》中说，“从神经科学的角度来看，想象一个行为以及想象它正在发生与它实际发生并没有区别。”而这不仅仅是单纯的大脑现象，这些栩栩如生的图像能够带来真实的生理后果。

多伊奇博士描述了 20 世纪 90 年代由广越博士以及凯利·克尔博士发起的一项实验。实验观察了两组对象，一组进行某种特定的物理训练，而另外一组仅仅想象自己进行了同样的物理训练。两组以每周 5 天的频率持续训练 4 周。实验结束时，确实进行了物理训练的那组肌肉力量增强了 30%，而另外一组——仅仅在想象中进行了相同的物理训练——同样区域的肌肉增强了 22% 的力量。

换句话说，仅仅通过想象自己在做训练，第二组的相应肌肉力量就得到了真实进行物理训练的第一组 2/3 的增强效果。

改变我们的基因

如果大脑预演能够加强我们的肌肉力量，提高我们的投篮得分，那么它能做出更戏剧化的事情来吗？比如说，改善我们的生理健康，甚至帮助我们克服疾病？绝对可以！莉迪亚不是第一个有类似经历的人。对于运动员来说，有大量的身体证据将积极想象图像与生理健康联系起来。

可能最著名的案例就是作家以及《星期六评论》的编辑诺曼·卡森斯，他因通过笑的力量以及正面想象（同时还有大量维生素 C）克服了威胁生命的胶原性疾病而著名。他在《疾病解剖》一书中记述了自己的经历。卡森斯的书为思考感觉对于人类健康的影响提供了令人惊叹的例证，也为这种观点逐渐被西方主流思想接受做出了巨大贡献。

卡森斯的例子之所以如此令人着迷在于他依靠集中注意力在情绪以及大脑想象上来克服了两次威胁生命的疾病。第一次是他通过笑的力量以及正面想象（同时还有大量维生素C）克服了威胁生命的胶原性疾病；第二次是在1980年，《疾病剖析》出版了15年之后，卡森斯患心脏病几乎丧命。他决定再次把生命掌握在自己的大脑与手中，他开始了另外一种饮食自我疗法，并最终在1983年出版了另一本著作《愈合的心》，详细记述了他的自我治疗项目。

“生命力可能是地球上最不为人熟知的力量，”卡森斯写道，“威廉·詹姆斯说过人类总是容易被自我的局限深深操纵。当我们对人类身体的完善性、再生性及其天然动力有更多尊重时，可能这些自我局限会减弱。保护珍惜那个天然动力则可能代表了人类自由的最高级演练。”

我们的同事布鲁斯·利普顿博士是发育遗传学的领袖人物，主要研究影响人类基因的因素。根据利普顿博士的研究，我们的基因是突然间开启或关闭的，因为它们受某种我们无法掌握的遗传力量制约。事实上，我们的基因受它们所处的环境影响，包括血液的生物化学性，它能够对我们的思想情绪产生影响。

利普顿博士在他具有划时代意义的著作《信念的生物学》中解释道，当我们改变自己的信念时，我们也改变了我们的生物化学，至少是某种程度上的改变，这将会给我们的基因带来影响。换言之，改变你的信念，就能改变你的健康、行为以及你的细胞的命运。

“积极思想对行为以及基因有巨大影响……”利普顿博士写道，“负面思想也具有同等的力量。当我们认识到正面思想与负面思想是如何掌控我们的生物性，我们就能够运用这种知识来创造充满健康幸福的生命体。”

自己做主

理解莉迪亚的经历，另一个关键的概念就是“行政职能”，就是掌握你自己人生的方向与状况的能力。在心理学上，这被称为“自信力”。

自信的意义以及重要性在20世纪70年代被加拿大心理学家艾伯特•班杜拉率先提出，他是20世纪最有影响力的心理学家。根据班杜拉博士的研究，自信是指我们对影响我们生活的事件的掌控能力的信念。换句话说，它是指意识到自己正坐在人生的驾驶座上行驶。拥有自信意味着从本质上自己做主。

这也是四步法则蕴含的中心概念。

当你拥有自信，这意味着控制你人生的力量来自内部，而不是来自外部。厄运以及其他外部影响无法彻底击溃你，因为你认为自己才是一切情况的“原因”，而非“结果”。你无法永远“矫正”状况或者解决外部问题，但你却可以改变你如何感知一切。换句话说，哪怕你无法总是解决问题，你还是可以永远摆脱困境。

我们不是说你可以忽略外部环境。显然，保持对外部现实的健康感觉是非常重要的。但拥有强大自信意味着我们认可的主要来源是内在，而不是外部。他人的赞誉，学历证书以及嘉奖，批准以及奖赏，甚至身边人的爱，这些都是外部认可。如果你的自我感知依赖这些外部来源，那么你将会深受环境的摆布，痛苦不堪。

班杜拉博士说，缺乏自信的人会持续质疑自己的能力：

（缺乏自信的人）羞怯，视困难任务为个人威胁。对他们选择的目标缺乏激情，难以坚持追求。面对困难任务时，他们过分强调个人不足，强调将会遇到的障碍以及各种负面结果，而不是集中注意力在如何成功完成任务上。他们在困难面前轻易快速地放弃努力……不需要很大的失败就能令他们对自己的能力失去信心。他们很容易陷入压力与抑郁之中。

相反，那些拥有强烈自信的人被班杜拉博士描述为：

对自身能力有强烈信心的人将困难任务看作需要接受的挑战，而不是需要避免的威胁……他们为自己设立具有挑战性的目标，坚持不懈。他们面对失败时坚持努力。他们能从失败或退步中迅速恢复信心……面对危险情况时，他们有信心能够自己控制局面。这种有效的观点能够带来个人成就感，减轻压力，降低抑郁的可能性。

莎伦 30 多岁，是一名 FBI（美国联邦调查局）探员。她来见我们之前的一两年，爱上了同为探员的亨利，他们曾经因为一个案子一起工作。尽管 FBI 严格规定不允许探员之间过度亲密，但两人仍然悄悄地生活在了一起。然而，莎伦很快意识到亨利对他们的感情并没有做长期打算。尽管她明白必须结束这段感情，她也提出了分手，但她还是心如刀绞。

一年多后，就在莎伦感觉她已经克服了心痛时，她与亨利被分配到一个培训项目中，他们必须在持续 6 个月的时间里每天在一起工作。莎伦不知所措——她害怕这对自己来说将是个无法承受的局面，她无法对自己的上级解释自身的问题，因为这是一段从开始就不该发生的恋情。

培训开始时，莎伦发现自己一片混乱，几乎无法适应。她每天悲伤地回到家，胃部抽搐，经常哭泣。一个朋友目睹她如此痛苦，推荐她来见我们。

在莎伦接受四步法则辅导时，她发现了自己关于男人的信念，包括被骑着白马的骑士拯救的经典画面。在没有意识的情况下，这个画面已经伴随了她许多年，画面衍生出的意思是："我无法照顾自己，我需要有个人来照顾我。"

正是这个画面及其代表的含义造成了莎伦目前的极端痛苦。对着这个骑着白马的男人画面，她放弃了掌握自己的命运，而实际上她的命运完全可以由自己的自信决定。

一旦她发现了那个信念是毫无根据的，她就能够通过自己的力量来照顾自己，无论是从现实还是从情绪上。她终于自己做主，重建了自信，也因此能够平静地完成剩下 5 个月的培训。

自信不是那么黑白分明，要么全有要么全无的。我们大多在生活的某些领域甚至许多领域感到自信，但可能在某些领域缺乏自信。我们可能在工作中如鱼得水，但家庭生活却不如意，或者颠倒过来。我们可能对某件事情特别擅长，但某些领域却让我们感到捉襟见肘，比如大卫，非常聪慧却害怕陌生地方的出色记者。

莎伦是个非常能干的执法探员。事实上，她工作的特性要求她具备超乎常人的快速思考、控制局面的能力——而莎伦对自己的工作得心应手。只有在她的感情世界，童年时期形成的自我局限信念才探出它丑陋的脑袋对莎伦说："你什么都做不对。"

同样，莉迪亚一直过得很好，直到她从牙科保健专家的职位上退休，因为在工作中，她的自信是完好无损的，而这也对她的生活产生影响。一旦她退休了，不再从专业技能领域获得执行能力，局面就发生了改变。

为了驱散我们过去的自我局限信念，过我们想要的生活，我们需要在生活的一切领域行使执行能力——一切自己做主。

而其实这是我们从出生那天就一直在努力的事情。

成为自己的途径

作为一个新生婴儿，你对这个五光十色的世界充满好奇。你牙牙学语，咯咯发笑，到处碰触，把你能拿起的任何东西放进嘴里，因为那是你接触事物、了解事物的根本方式。很快你能爬了，能站起来了，能行走了，你能进一步探索这个世界了。你以极快的速度吸收着观察到的世界，这毋庸置疑是你一生中最为快速的学习阶段。

但在你学习的所有事情中，还有一项你尚未掌握：你自己。

然后，一般在两岁左右，事情发生了。询问任何父母他们都会知道你发现“自己”的时间：你开始说“不！”让你做任何事，你都非常不礼貌地拒绝。看见其他孩子拿着玩具，你会指着玩具（或者直接去抢）大声说：“我的！”你发现了无数种方式来表达拒绝、主张以及坚持。

并非所有的孩子都是在两岁时表现出这些行为的，也不是都以相同方式表现，但我们都得经历这个阶段。事实上，这是自身发展非常重要的一个阶段。它并非关于否定，而是关于主张。

我们开始学习区别这个“我”与其他万事万物。我们发展出作为独立自主的个体的自我意识，这是建立自我身份感的开始，也是建立与身处的世界的协商能力的开始，这也是形成成年期的执行能力的开始。

在很大程度上，这个外部的旅程也同样反映出我们的大脑与神经系统的生理发展过程，特别是关系到一个脂肪丰富的物质的发展过程，这个物质叫作髓磷脂。

髓磷脂是我们的身体制造出来用以覆盖神经纤维的物质，形成一种油脂的外壳来使神经隔离开来，很像我们屋子里电线的橡胶或者塑料外壳，隔绝了电流，以免发生短路或漏电。这个隔离外壳集中作用在神经的运输能力上，使得它们能够以飞快的速度传输——很像网络从拨号升级到宽带的速度变化。

我们出生时大脑内只有非常少量的髓磷脂。当神经系统开始髓磷脂化时（就是在神经表面形成髓磷脂隔绝外壳时），首先从脊椎神经以及大脑绝大多数基本结构开始，逐渐进行到大脑负责高级反应的区域，最后进行到大脑皮层——那是大脑进行最高级处理的区域。

生命的最初几年，大脑还没有完成髓磷脂化——可以说，大脑仍然处于拨号连接的工作方式中。直到9岁之前，前皮层都还没有发展完备来进行高级别的执行动作，甚至直到9～10岁时，整个过程也只是接近完成。

直到20世纪90年代，人们仍然认为髓磷脂化过程在18岁就彻底完成了。然而，最近更多的研究表明，这一过程一直到我们20岁时都尚未完全结束。换句话说，直到我们快30岁时，我们执行能力感觉的心理基础还没有发展完备。

我们催眠状态的童年

作为成年人，我们可以跳出事情本身来客观地看待它。我们能够考虑如何激励其他人参与，而同时情况又会给他们带来什么样的影响。这个层面的抽象过程让我们对处理、理解事件具有了非凡的能力，而在童年时我们不具备这个能力。

当我们非常幼小时，身边发生的每一件事情都是关于“我们”。我们直到 9 岁或 10 岁时仍然不具备抽象的能力，而这个能力直到我们 20 多岁仍未彻底完全形成。

之前我们提到过，两三岁时我们无法清晰记得发生在自己身上的事情。但为什么会这样呢？毕竟，这些事情如同之后发生的事情一样，对我们产生了同等重要的影响。如果我们能够清楚记得 5 年前发生的事情，10 年前或 20 年前发生的事情，为什么我们无法记得两岁时发生的事情呢？

总的来说，这是因为当时我们的大脑尚未具备成年时具备的执行能力以及自信。我们还没有很好的语言能力，无法清楚地用语言表述事件，解释事情发生的原因。今天，作为成年人，我们能把大多数发生的事情清晰准确地表述出来。但我们幼年时期试图表述这些发生的事件时，一切就变得非常困难。我们根本没有词汇来叙述，因为我们还没能把词汇与现实对应起来。我们只在非语言的、模糊的感觉以及情绪层面还记得它们。

缺乏执行能力意味着我们无法“观察”情况，无法从中跳出，并用客观的眼光看待事情。我们缺乏区别现实与非现实的能力。我们没有过滤器。我们就像海绵一样全身心沉浸在事情中。

用心理学术语来说，我们以“催眠”状态经历了幼年阶段，意思是说这是个介于完全清醒与睡眠之间的状态，我们部分清醒但深深地被暗示——就在我们的潜意识之门打开的时候。

真的，我们就是以睁只眼闭只眼的催眠状态度过了我们的幼年时期。不管你的父母或者其他成年人告诉你什么，你都会认为是事实。如果你的爸爸说“你太棒了，你能做任何想做的事情”，那么只要你相信，那就是真的。不幸的是，事情还有另外一面，如果你爸爸说“你毫无价值，你百事不成”，那么这也会成为事实。

再次重申一下，这不是一个语言概念：这不是你在心中说“我，凯特力，是个没有价值的人”。不，你根本不知道“没有价值”意味着什么，至少不是智力上的。你的大脑皮层还没有髓磷脂或语言技能来理解这一切。因为你还没有把词汇与你的经历连接起来，你还没有语言表达能力。但情绪上，你被这句话传递的信息完全影响了：“我不好，我有问题。”而那个信念是如此强大，以至于多年之后，当你成年，不管你获得怎样的成就，或者其他的证据都显示这个信念不是事实，你都依然会牢牢地固守着那个信念。

根据贝塞尔·梵·德尔·克尔克博士的研究，创伤对大脑中汇集关于自身的内部感知的部分有特别的影响——用术语说，这是大脑的内感知部分。贝塞尔博士解释说，经历创伤的人在自我意识方面有困难，因为大脑中感受自我的神经区域被损坏了。当创伤未被治愈时，这能够对我们的自我反省以及自我评估产生非常明显的压迫。

同样具有代表性的是，通过治愈创伤，人们可以进一步地在大脑的自我反省部分得到成长。

你的完美童年

想象一下，你被一对完美的父母抚养长大——你的父母完全支持你，以你为荣，在你获得任何成绩时褒奖你，在每一次挫折时鼓励你，总是站在你这一边。想象如果你是那个小孩，你的父母永远告诉你你是多么优秀，你有多么大的潜力，他们是如何信任你，你可以做到你想要做的任何事情，如果你跟随着你的心，追求你真正想要的生活，你将会克服所有的障碍，绝对不会失败。

当然，事实可能不尽如此。你的父母可能很棒，但天下没有完美的父母，不管他们有多么良好的初衷。我们都是人，作为父母，我们也会有糟糕的日子，承受我们自己的压力，犯下错误。许多为人父母的错误都是微小的，很容易改的，但这些错误都将会产生深远持久的影响。

当我们是孩子时，我们也会有朋友和伙伴、学校里的其他孩子、老师、教练、邻居、父母以及其他所有生活中的影响因素，也会有成长中的讥讽、训斥、争吵、不公以及其他的情绪困境和痛苦。

所以你可能并没有一个完美的童年。但如果你有呢？

想象一下，如果你有一对完美的父母，还有最支持你的朋友，最好的老师。你会变成什么样呢？如果你被这样抚养长大，你有绝对不可动摇的自信，围绕你的都是这个世界的美好事物，你的人生会变成什么样？你又感觉怎样？

好，这正是你可以过的人生——因为这正是四步法则想要提供给你的。四步法则将会给你的核心存在带来的影响，就如同完美父母经年累月带给你的一样——只要你自己来做。当你进行这些步骤时，你用意识里想要的信念度过你的人生，并把这些信念建立在你相同的非语言阶段的层面，也就是你婴儿时期经历的最初的学习阶段。

四步法则本质上来说是为你提供一个完美的童年。你将重新进入一个原始状态，重新经历相同的基本过程，并以组织得更好、更快速的方式进行。

这就是四步法则的目标。它是帮助你完成成为自我这个过程的工具。

第三步

步骤三将会把所有我们渴望的东西集合在一起。它运用大脑意识的认知力量以及潜意识的巨大力量，以辅助练习来帮助重建你的电极，矫正你的生理场，并引导出一些有力的图像。

这一步骤分为三个部分：

1. 制造出一个“治疗篮子”的图像，并运用它来清除你生活中的所有压力因素。

2. 制造一个“自我接受”的承诺，并将它与一个全新的“自我推动的信念”相结合，形成你自己的“快乐专属密码”。

3. 运用一系列“理想生活画面”来丰富你的这些信念，让它们在你的潜意识里成真。

创造一个治疗篮子

在你的脑海中描述一个容器的画面。我们把它叫作“治疗篮子”，但它可以是任何形式的容器。只要你喜欢，你可以把它想象成一个桶、一只碗、一口井。“篮子”仅仅是个表述形式，意思就是容器。

在这个容器里，你将要把所有想要驱散的问题、矛盾放进去，包括任何自我局限信念以及关于过往负面事件的记忆，还有任何你当前生活中想要改变的负面因素。治疗篮子的关键在于，你在练习自己对定义以及控制情况的执行能力时，用这个容器来容纳痛苦、纠结、伤害或者那些长久困住你的难题。

篮子的图像（或任何你想要的容器）是你潜意识中掌控自己生活的信号，所有你面临的干扰、苦难都将被装在这个篮子里。它们不会就此从你的生活中消失，但你会就此制造一个边界。

有时客户会问我们：“我怎么能知道自己做对了呢？如果我不是个视觉化的人怎么办？”别担心。这里不存在错误，而你不必像个视觉艺术家一样来做这个练习。有些人告诉我们说：“我不擅长视觉化事物。”“没问题，”我们会说，“闭上双眼片刻——现在，你能想象出一个苹果的轮廓吗？毫无疑问你可以。你是如何做到的呢？你把它视觉化了。任何人都可以做到这一点。”

- 闭上眼睛，想象你的治疗篮子的图像。
- 把你所有的压力因素放进篮子里。

把你的自我限制信念以及其他在步骤一中确定的负面因素都放进治疗篮子中，包括所有的伤害、所有的纠结、所有的痛苦回忆和过往事件。

如果当你做这些事时有任何其他负面的事情发生，哪怕那不是你之前在步骤一中确认的事情，尽管把它扔进篮子里。不用担心盛不下。你的治疗篮子能够盛得下所有你需要它容纳的东西。任何你人生中失败的事情，任何让你无法承受的事情，任何想法、感觉，当前生活中的困难，尽可能地去回想，并把它们全部丢进篮子里。

现在，接下来的两三分钟里，想象那个治疗篮子缓慢消失或者漂远的画面。

有一个简单易行的方式，就是想象你把篮子放在湖边或者海边的水面上，然后看着它越漂越远，最后消失在地平线上。或者，你可以想象在它的把手上绑上一只气球，看着它逐渐升起，飘进云彩里。

我们曾经有客户想象他们的治疗篮子是火箭，直冲入云霄，还有的想象成一个巨大的冲水马桶，一只垃圾筒被垃圾车捡起来运走，一个山谷洞穴被地震吞没。你可以尽情运用你的想象。关键是选择一个可以让你集中注意力的画面，而那个画面包括两个关键要素：容器与释放。

如果实在想不出什么，我们推荐的默认画面是一只巨大的草筐，你把它放在海边的水面上，然后看着它逐渐漂远，进入并消失在海平面尽头。

心理学中有一个无与伦比的概念叫作“蔡格尼克效应”，俄罗斯心理学家布鲁姆·蔡格尼克在 20 世纪 20 年代发现人们能更好地记得未完成的事件或任务，超过那些已完成的。比如，只要菜品还在准备中，服务员就能够记得这道菜，而一旦菜被做好送上桌，这道菜就从服务员的短期记忆（也就是意识）中消失了。简单来说，蔡格尼克认为：

“我们能够记得那些未完成的不完整事件。”

换句话说，一旦一项任务或者问题完成了——也只有这样——它们才会从视线中消失。我们会为那些未完成的事情而担忧。你生命中未解决的问题会横在你的心里，就像你心理的能量收信箱，在你回信后，它们立刻从收信箱中清空了。这说明一旦你真正地驱散那些多年以来弥漫在创伤事件周围的乌云，那个乌云就完了，结束了，被释放了。

不管我们是否意识到，这都是事实。斯蒂芬妮并不曾意识到父母由于那枚 25 美分的硬币对她的训斥仍然躺在她的收信箱里长达 50 年，它们就在那儿，等着被解决。一旦她开始进行四步法则，一切就结束了。

你的自我促进信念

我们之前提到过，我们用新的神经通道来发展信念，就像在大脑中进行树木修剪。更为基本的原理在于：如果我们能够种下这些信念，那么我们就能够让它们再次成长。就是说，我们能够刻意地“生成”新信念。

步骤三就是教你驱散负面人生信念，树立正面新信念。

为此，我们首先要带你把所有你在步骤一中确定的自我局限信念转化成为相反的自我促进信念。比如，如果你最强烈的自我局限信念是“我在不安全中”，那么相反地，你的自我促进信念可能就是“我在彻底安全状态中”。

以下是七种常见的自我局限信念以及与之相反的积极信念。

我在不安全之中 → 我在彻底安全的状态中，一切都很正常

我没有价值 → 我值得拥有成功
我没有能力 → 我有力量而且能干
我不可爱 → 我充满爱心而且被人喜爱
我无法信任任何人 → 我被信任他人而且值得信任的朋友环绕
我很糟糕 → 我能给任何我遇到的人带来益处
我孤身一人 → 我是上帝／宇宙的孩子

你可以根据自己的情况来重新组织语言。不管你是用自己的版本还是以上的叙述，现在我们希望你可以写下新的自我促进信念，以便你可以使用它们。你很快就能用到它们了。

接受自我的陈述

这个步骤的下一个要素就是简单地接受自我的陈述："我完全彻底地接受自己。"

这个简单陈述之所以如此有效有几个原因：自我接受是一个高级概念，它别具一格。它是你能采用的肯定手段中的王牌。不管是自信、自我评价、解决能力、确定力或其他任何能力，不管是你想要确认的还是你想要在生活中树立起来的，都需要从自我接受的平台开始。

这样做的部分原因是在你设定一个新的目标之前，你必须知道你的起点在哪里。接受你自己正如你把自己放在此时此地。除非你有清晰的起点，否则所有的旅行都是跛足前行。如果你不接受一件事情，想要改变它就极度困难，因为你无法在反抗一件事情的同时改变它。

许多承受压力、期待改变生活的人不接受他们自己，因为他们害怕这样做的话等于同时肯定了他们渴望改变的负面情况。但事情并不是这样。否认让你虚弱无力，接受才能给你力量。

接受自己并不代表对现状满意或放弃改善的希望。正相反，深刻彻底的自我接受能够让你坐上驾驶座，充满力量地前行。这让你处于可能改变的位置，让你有力量。

我们经常倾向于确认我们的环境，特别是最为艰难的情况。如果我们患有疾病，感情破裂，遇到财务困境，我们可能会开始觉得我们自己是问题的症结。但深刻的自我接受意味着我不是疾病本身，我不是离婚本身，我不是财务困境本身。不管我的生活正在发生些什么，那不代表我自己，那仅仅是我此刻经历的事情。

换种说法就是，陈述把你从外部控制转向内部控制。从自我接受开始，可以重塑你的自信。

我完全彻底地接受自己。

你可以给这个陈述赋予许多意义和诠释。下面是一些表示自我接受的表述：

- 我彻底地接受事情原本的样子，以此开始。
- 我完全接受自己，不管我有怎样的错误或缺点，我知道我想要改变的事情。
- 我拥抱自己，所有过去的我，所有未来的我，所有的不完美和所有无限潜能。

- 我完全接受自己是上帝的孩子。
- 我完全接受自己是一个精神存在。
- 我完全接受自己是万物中的一员。

所有这些都是正确良好的，如果你想要为自己制造出这个想法的其他版本，尽管去做。对于步骤三，我们喜欢使用尽可能简单、清晰、综合的陈述。同样很重要的是，无论你的自我接受陈述是什么，它需要容易记住，这样你不必在进行这一步骤时借助书写下来的东西。

我完全彻底地接受自己。

“如果这个陈述对我来说听起来不像真的怎么办？”客户有时会这样问我。如果你真的感觉没办法接受自己该怎么办？

没关系，不管怎样我们会让你继续说下去。如果你目前觉得无法接受自己，就把这当作自我接受陈述中包括的一部分情况好了。

你的专属快乐密码

现在我们将要把这两个要素集合在一起，来创造我们称之为你的“专属快乐密码”的东西。从自我接受的陈述开始，我们简单加上你自己的个人促进信念陈述。比如：

- 我完全彻底接受自己，我感觉我的生活很安全，有保障。

- 我完全彻底接受自己，我感觉被爱而且我值得被爱。
- 我完全彻底接受自己，我能干，有才华，有价值。

这些词语的组合——简单的自我接受陈述加上你新的自我促进信念——这些非常有力。

现在想一下你自己的生活。比如说，当你说“安全”时，你主要是想到你自己居住区域的安全，还是你工作地方的安全状况？你的健康状况？你的感情？在社交场合感觉安全？不管对你意味着什么，在你做陈述时在大脑中记住这些。

如果需要，你还可以把陈述本身变得更个性化，让它更契合你的情况。

- 我完全彻底接受自己，我很擅长我的工作（不管你的职业是什么）。
- 我完全彻底接受自己，而且我在社交场合感觉非常自在。
- 我完全彻底接受自己，而且我完全值得拥有一段长期、充满爱的快乐婚姻。

根据你目前的目的，你的陈述最好是简短、易于记住的。现在，像你刚开始学习四步法则时一样，我们推荐你使用下面 7 个版本：

专属快乐密码的例子

- 我完全彻底接受自己。我很安全而且一切都很好。
- 我完全彻底接受自己。我有价值而且值得拥有一切成功。
- 我完全彻底接受自己。我有力量而且能干。
- 我完全彻底接受自己。我充满爱心而且被人喜爱。

- 我完全彻底接受自己。我被信任别人而且值得信任的朋友围绕。
- 我完全彻底接受自己。我能给我遇到的所有人带来益处。
- 我完全彻底接受自己。我是上帝 / 宇宙的孩子。

接受的誓言

尽管这个陈述非常有力，它仍然只是认知层面的一个陈述。换句话说，这是你的“跳蚤”在说话。现在我们要联合你的“大象”。真正的力量来源是打开你的潜意识通道，我们由此进入你的生理场。

这一步骤的下一个要素，我们称之为“誓言”。

把你的右手放在心口，正如你在说效忠国家的誓言一样。

那里有一个神经束，在第二根与第三根肋骨之间有一个肋间空隙，就在你的手指下。如果你施压或者摩擦这个部位，通常你会感觉非常柔软。我们把它叫作“重新匹配点”。摩擦这个点能够刺激一个类似主要穴位的神经淋巴腺反应。

不用担心你是否在完全正确的点上。持续对这个心脏以上的区域施压能够激活你的神经束，并制造出想要的效果。

用你右手的指腹顺时针按摩这个“重新匹配点”。

当你按摩这个区域时，重复你的专属快乐密码，大声或者无声地说给自己，重复五次。

按摩这个神经束，为你的生理场打开通道，让你的陈述进入身体并到达更深远的层面。

你可以这样想：想象你在使用一台自动提款机从你的银行账户提取现金。你只需把银行卡放进机器，然后机器就会知道你是谁，但这还不能完成整个程序拿到现金。缺少了什么呢？你还需要输入你的密码，你需要的现金数额，然后按确认按钮。

在我们的练习中，你的接受自我的陈述是密码，你的自我促进信念等于告诉机器为你提供的现金数额，按摩“重新匹配点”等于按下确认按钮。

密码＝“我完全彻底接受我自己……”

输入请求＝“我是完全安全的，有保障的。”

按下确认按钮＝按摩“重新匹配点”

自我接受的誓言以及专属快乐密码是步骤三的核心，它们是三明治中的肉片，被包裹在两个与你的潜意识对话的想象中。第一个画面，出现在自我接受誓言之前，它就是治疗篮子。现在该来制造誓言之后的画面了，这样就完成了整个步骤。

想象你的理想生活

步骤三的最后一个要素是设想你想要的生活——视觉化你想要的生活。

这个目标是为了让你能够看见你在自我促进信念中描述过的生活。可以说就是想象你理想的生活画面，就像你在看一场关于自己的电影。或者可以是想象单个的画面，就像快照或者电影静止画面。也不必完全是视觉的，甚至完全可以不是视觉的。你可以加入感觉、声音、气味以及任何能够生动描绘你真正想要的生活的感官印象。以下可供参考：

- 烘焙食物的气味。
- 某人皮肤的触感。
- 滑雪坡上新落的雪的寒冷。
- 你蜜月或者假期里清凉的、咸咸的海水浪花。

关键在于激发与你在新生活中经历的积极情绪相连的感觉，并通过揭开紧锁的旧局限信念，将它驱散，从而放松下来。

在头脑风暴的时候，如果你觉得有帮助，你可以记下来那些浮现在你脑海中的画面。要记住，你不是在寻找词汇，你寻找的是感觉。

你的自我局限信念很多时候发生在你人生的早期阶段，你当时还没有语言能力来描述发生了什么。这些信念以非语言的情绪植入你的身心，这就是为什么最有效的清除它们的方法是用新的积极自我促进的情绪来取代它们——感觉超越了语言。

关于减价促销有句话说“人们靠情绪来购买，之后靠逻辑来意识到一切”——这对于你的潜意识来说尤其正确。通过图像语言以及情绪，潜意识能够非常容易地“购买”你的自我促进的、积极的、有力的、愉悦的、充实的人生，这比通过任何逻辑或者理性思考容易得多。

你可以念出这句话：我有一个充满爱意的稳定的感情关系。一直就这么念下去。但为你的潜意识提供咸咸的浪花的味道，脚趾间湿润沙子的感觉，爱人的欢笑，她或他的手指与你紧紧相扣，一起漫步沙滩的感觉——那一系列的画面比你能想到的任何语言肯定都要有力！

这与被称为“创造性视觉化”的过程很相似，积极思考或者肯定——却有着本质的区别。

正如我们之前提到过的，如果你不事先清除掉生理场与潜意识中的障碍，那么当你练习积极思考、肯定或创造性视觉化的时候，很容易就以你与自己的争执不休收场。尽管你的意识不断重复“每一天，每一天，我都感觉越来越好……”你的潜意识却在喃喃自语：“真的吗？我不这么认为！”而在意识与潜意识的擂台赛中，你应该知道谁会赢。

这里关键的区别是在进行这个部分的步骤之前，你需要经过必要的步骤来重整你的身体能量，让它与你的意愿一致，而不是与你的意愿打架，你需要把你之前确定过的负面经验以及自我局限信念清除掉，“清空你的情绪杯以及能量电荷”。

这样你就为正面信念准备了土壤，使它能够生根，发芽，枝繁叶茂。

各种变化形式

想象是非常个性化的事情。多年来，我们的客户把步骤三中的基本要素以各种各样的方式进行了诠释。当你初次学习四步法则的顺序以及要点时，我们强烈推荐你使用尽可能简单的表述。哪怕你从未改变它，只是使用我们在此提供的最基本的默认图像以及语言，一切仍然会因为经历、记忆、感觉以及你想要的理想生活画面的不同而变得非常个性化。

因此，我们认为与你分享一些我们多年工作中总结出的最为常见的变化形式，可能会对你有所帮助。所有的变化都有可能——它们中的一些可能对你特别有吸引力，对你特别有帮助，有些则可能不是。

变化形式：释放图像

关于让治疗篮子逐渐消失的步骤，使用特定的清除图像或者释放图像会有所帮助。如下想象可供参考：

- 站在瀑布下方，让它冲刷走你所有的负面信念以及过去的伤痛、忧虑。
- 雨中漫步或者跳舞，让雨水清洁净化你。
- 喝纯净的山中湖泊的湖水。
- 潜入水下，洗掉所有的负面信念。
- 站在温暖的淋浴喷头下，看着旧信念打着圈儿被冲进下水道。
- 站在一束纯洁的天堂之光下面。

另外一个方法是在一张纸上写下你想要清除的负面因素，把纸条放进一只碗或者其他容器中，然后把碗或者容器埋进土里或者扔掉。把纸条放进篝火或者蜡烛火焰里烧掉。你还可以用签字笔把关键的字词写在一只气球上，然后在室外松手看着它飘远。加上一些身体动作，混合大脑与身体经验，是清除的有力途径。

这些是释放的几种仪式：定义，容纳，然后清除这些负面因素，你提供了潜意识的许可来清除释放它们。

变化形式：开始治疗之旅

想象你要从起点 A（你目前的状况）来到目的地 B（你的理想生活），用任何能让你感觉最为平和满足的方式。不管你选什么样的词句都可以，你感觉最自然正确的就是最好的。

有些人喜欢想象他们自己跑着或者慢跑着度过他们的治疗之旅；有些人喜欢沿着海滩漫步，或穿过森林远足；有些人想象自己在打高尔夫，带着他们的球杆；有些人想象自己在滑雪。这完全取决于你。

你需要从 A 点来到 B 点，让自己想象穿过一片最让你享受的美景。旅途中，想象一下沿途的树木、灌木丛、岩石，任何自然出现在场景里的景色。

这不是闲来无事的审美或仅仅是“放松”技巧。要记得，图像是潜意识的语言。这是帮助解决与清除横亘的压力浓雾的有力工具，你可能已经被困在那团压力浓雾中好几十年了。

这个画面能够成为引发“蔡格尼克效应”的关键，“关闭打开的文件”，就是解决所有未解决的问题。这些树木、山峦，任何你治疗之旅沿途的景色代表你的感觉以及情况，是你希望清除的问题的一部分。这不是什么你需要仔细思考的问题。你不需要深挖那些感觉和问题，或是停下来研究它们。只要留意到沿途的景色，继续往前走、跑、滑雪。简单地注意到它们是关闭这些文件，并从你的心理收件箱删除这些问题的有效办法。

变化形式：定位感觉

你可以通过找到你生理场中的特定能量中心来帮助自己，这个能量中心是与你想要清除的问题最相关的。

这个做起来比听起来容易。很像你把手放在自己头上，缓慢移动来找到头疼的位置一样。

在你想着你想要清除的负面信念、感觉，或过往经历时，把你的手放在你身体的不同位置来找到那个回应最为强烈的区域。你可能感觉它就在腰际下方、在你的腹部、在太阳神经束、在胸部、在喉咙或者在你的头上。

通常对于特定区域的回应有一些共识。比如，关于安全、自信的问题通常会与腹部最为应和；愤怒或者妒忌与太阳神经束最为应和；爱、心碎、孤独、罪恶感与心脏最为应和；而关于自我表达、倾听或被倾听的问题与喉咙最为应和。

常见的问题与对应能量中心：

喉咙 → 表达，身份

心脏 → 爱，心碎，孤独，感情问题

太阳神经束 → 愤怒，嫉妒，愤恨

腹部 → 安全，自信，能量，现场

闭上眼睛，想象你正在将治疗能量输送到你感到压力或者阻滞的区域。对有些人来说，这可能会成为一种有力的强化。但这仅仅是这个步骤的辅助手段，而不是基本要素。

变化形式：找到你的执行力

你可以通过给你自己的执行力取个名字来确定它，这样你就能直接找到它。我们曾经有些客户决定称呼他们的执行力为“老板”“灵魂”“朋友”“内心医生”，甚至更为个性化的名字，比如“山姆”或者“苏珊”。

当你决定了用什么名字来称呼你的执行力时，就直接找到它，让它帮助你清除你的治疗篮子中任何你想要清除的东西。举个例子，如果你决定叫它灵魂，那么你可以说：

“灵魂，请把我过去的所有旧东西都收集起来，释放掉，这样它们就不会阻挡我去往我的理想生活。”

这里的关键在于你已经知道如何治疗自己。当你不小心有个割伤或者擦伤，你的身体知道如何去愈合它。你的免疫系统知道如何应付感染。你不需要有意识地不停地为你的身体输送所有具体的指示，告诉它如何愈合——它都知道。

如果你提供正确的养分以及同盟，心理同样也知道如何自然地自我愈合。你不需要提供所有细节的指示。一旦你树立了想要治疗的信念，你可以信任你的身体与大脑，它们知道怎么来治疗。你意识上需要做的一切就是把你的注意力集中在积极结果上。

找到你的执行力就是开始自己做主，开启你的治疗之旅。想象一下，你想要影响自己生活的新信念以及感知，让你的治疗进入你的潜意识，并不断重复。它知道如何治疗，你只需要要求它这么做就可以了。

变化形式：成年画面

你可以使用一个成人时代每日常见的工具作为有力画面，来激发你意识到自己现在已经是成年人，完全能够从客观的角度解读事件的事实。换句话说，那些发生在你童年的事件可能会对你的生活造成阴影，但如果相同的事件在今天发生，作为成年人的你会用非常不同的方式来对待它们——通过成年画面的刺激，你可以重新找到执行力，重新解读那些过去发生的事件。

那些在你 4 岁或 7 岁时欺负你，压迫你的权威，今天对你来说不再强大，这些成年时代的画面能够激发你的心理来记起这一点。

比如，闭上眼睛，想象你一手拿着车钥匙一手拿着信用卡。如果你的职业清楚涉及某种工具——对于赛车手或者飞行员来说，就是旋转的车轮或者飞机螺旋桨；对于外科医生来说，就是手术刀——那你就可以利用这些工具，只要它们与你的童年有复杂的联系。

我们最受欢迎的成年画面是车钥匙，部分原因是因为我们经常在手中拿着它，那种感觉很容易被生动地想象出来。

比如，当你把索取的事件以及旧的感觉放进你的治疗篮子，你可以想象手握车钥匙的感觉——这会告诉你现在你已经是个成年人，那些旧的感觉对你不再有影响力。

这个画面可以像个指挥一样贯穿你的一天，每次你拿起车钥匙，你全部身心都会提醒你现在过着全新的生活。

你在安全之中。

你有价值。

你是有力量并能干的。

你充满爱意并且被爱。

你被信任他人而且值得信任的朋友围绕。

你给遇到的每一个人都带来益处。

你不是孤身一人——你是上帝的孩子，你是宇宙的孩子。

第三步：重建

目的：清除负面信念，树立新的自我促进信念。

a. 治疗篮子（3 分钟）

● 视觉化一个治疗篮子，可以自由选择任何容器来代表它。

● 把步骤一中的负面因素放进篮子。

● 用 3 分钟时间来视觉化一个画面：篮子逐渐消失或者漂远，承载着所有的负面因素。

b. 接受的誓言（大约 1 分钟）

● 右手放在心脏处，指尖放在“重新配置点”的位置（在第二根肋骨与第三根肋骨之间）。

● 顺时针按摩这个点，重复你的专属快乐密码——一段自我接受的陈述加上你的自我促进信念——念出声音或者默念都可以，重复 5 次。

c. 理想生活画面（几分钟）

● 接下来的几分钟，视觉化你的快乐生活场景。

d. 选择

● 释放画面。

● 治疗之旅的画面。

● 定位感觉（能量中心）。

● 找到你的执行力，给它取名。

● 成年画面。

第六章
通过身体练习，让积极信念扎根在你的潜意识

只需用你的鞋跟敲击三次，说“没有任何地方像家一样”。

——格林达，《绿野仙踪》

帮助你到达这里的步骤简单易行，非常有力而且影响深远。记得我们在第四章里谈到的卢旺达的香黛儿，退役军人基斯，以及许多其他的研究对象吗？当他们的噩梦、幻觉以及其他症状消失，一切就结束了——几个月几年之后，那些症状没有再出现。

当你确定一个问题，挖掘出它的根源，指出潜藏的负面信念，清理你的系统，重整你的电极，容纳并解决这些负面因素，用新的积极信念辅以充实有力新生活的生动画面取而代之，那么你就不是仅仅碰触到那个问题的皮毛了——你彻底地改变了它。

但我们还没有完全结束：还有另外一个步骤。

步骤一到步骤三旨在为你如何看待自己和世界带来深刻的改变。第四步的目的是建立以及驱动你新的自我促进信念、思考模式，让它在你身心里扎根，这样它们就成为你身上深入骨髓的、永久的一部分。

步骤四将为你介绍两种新的元素：一是简单的，被我们称为“巩

固”的练习；二是你的个人平衡符号。我们来逐一了解一下它们吧。

巩固的练习

演示巩固，就需要简单地把一只手放在前额，好像你在感觉自己是否发烧一样，另一只手放在相反的位置，扶住你的后脑勺。

巩固动作

这个动作在“颅骶疗法”以及“前额—枕骨姿势实践”中被人熟知，这种具有迷惑性的简单姿势能够立刻产生巨大效力。

首先，我们轻柔地促进前额皮层（大脑的前部区域）的血液循环，刺激这个掌管想象力以及构想未来的能力的区域。与此同时，我们同样刺激枕骨或者大脑后部的血液循环，那里是掌管视觉中心的地方。促进血液循环能够增加反应功能。

扶住前额是一个我们无师自通的天然舒缓压力的姿势。如果你曾经照顾过生病的小孩，你可能会有这样的经验：你会自动地把手放在小孩的额头上。是的，这是一个检查发烧的方式——但不仅如此，这也是个舒缓放松的方式。我们也会本能地对自己做这个动作。比如，当我们得知什么震惊的消息，我们可能也会把手放在自己的额头说“我的天！”（或者其他任何什么脱口而出的表达），然后一屁股瘫坐在椅子上。

在血液循环以外，我们直接找到了我们生理场的关键功能。脸部以及脑后同样都有丰富的关节，分布着各种不同的媒介，这些都能产生镇静、集中的效力。

更容易理解的说法是，我们在治疗能量中心以及与之一致的头部、脑部。之前的章节里，我们谈到过身体的各种能量中心（通常被称为“轮”，源自梵语的“车轮”）。巩固是用真实的方式，把这些能量中心中的一个握在你的手心。每一个轮或者能量中心都有它的特质，那个特质与我们身心各个不同的功能作用相联系，正如我们在第五章里解释过的那样。我们聊过四个能量中心：腹部、太阳神经束、心脏以及喉咙。这里我们谈论的能量中心是大脑本身。

改变平衡这个特定中心的效果包括：

- 正确看待过去。
- 找到现在的基础。
- 获得某人未来的更为清晰的画面。

巩固动作，换句话说，就是在帮助我们巩固思想、信念的变化，以及那些我们试图通过四步法则生效的大脑图像。

关于图像——记住，图像是潜意识的语言——我们同样激发了一种强烈的包容感，就像我们在步骤三中的治疗篮子，唯一的不同是这里我们要容纳的是我们新的自我促进信念，以及我们在步骤三的末尾总结出的理想生活画面。在开始第四步之前，我们已经激发了我们想要的生活的有力画面；现在，确切地说，我们正在保持着这个想法。

巩固动作就是这样在能量层面、认知层面、潜意识层面、身体层面同时发生巨大作用的。

你的个人平衡符号

对你来说，你的个人平衡符号是一个单独的图像，代表你克服了过去的自我局限或困难。它是一个代表着新能力、加强的容纳力或其他来自你理想生活画面中蕴涵的核心价值的符号。它代表你为了通过清除过往障碍以及自我局限信念，拥抱你的自信，创造出你想要的充实生活而做的所有努力。

我们用“平衡”一词来指代这个图像，因为不管你想要在新生活中创造出怎样的特定价值力量或其他品质——自信、爱、财务成功、安全感、耐心以及松弛感，无论是什么——核心都在于它对你而言代表着一种“全新的正常状态”，一种全新的更为充实、满足的日常画面。换言之，它是一种全新的生理平衡，一种全新的平衡状态。

我们在第八章里将会对平衡的益处做更多探讨，现在，我们只是告诉你平衡是四步法则所有目标中包含的本质价值。比如，从电学角度来说，我们正在为你的左右脑、身体的左右两侧、你生理场（气场）的正负两极带来平衡。我们将同时侧重于你意识上的注意力与潜意识的功能，并将两者结合起来。我们同时也在平衡你的心理与生理、外部与内在、过去与未来。

这一步骤中，我们为你们提供了三种常见图像作为默认符号，每一种都代表着生活不同方面的平衡：

1. 心形图案，代表爱、感情以及所有人际交往的平衡。

2. 美元图案，代表财务的平衡和成功，以及与工作相关的和谐成功的平衡状态。

3. 古希腊医药之神的标志，象征健康的传统符号，代表身体健康以及个人能力的平衡。

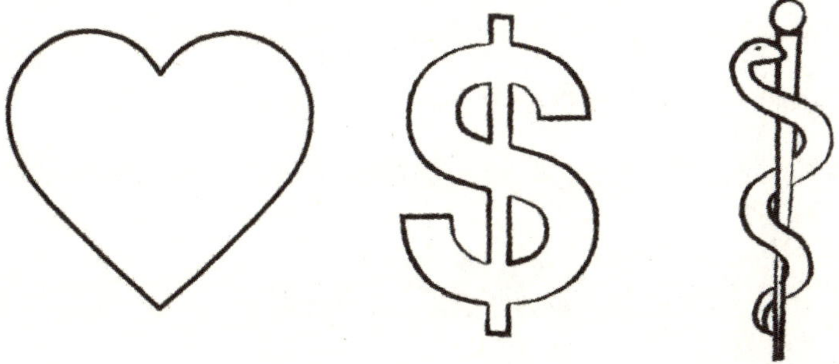

下面列举一些多年来我们的客户用来作为他们的个人平衡符号的图案：

- 地平线
- 海上日落
- 花朵

- 无限的符号
- 天平
- 一个走钢索的杂技演员
- 一只单脚站立的火烈鸟
- 一头狮子（代表力量与勇气）
- 一只正在飞行的鸟（代表优雅、自由、振奋）
- 日出时的一个湖泊（代表平静、和谐、新的开始）
- 山谷上一棵树的轮廓（代表力量、忍耐、智慧）
- 花朵（代表爱、美丽、镇静）

第四步

下面我们来把这些因素结合在一起。记住，在第三步中，你已经花了几分钟时间来视觉化你理想生活的画面。步骤三与步骤四严丝合缝地连接在了一起。

现在，在这些图像画面持续涌入你的脑海时，进行巩固动作，做 1 分钟缓慢的深呼吸。

最后，在你进行巩固动作时，视觉化你的个人平衡符号，并在脑海中保持 1 分钟。

下面是这个步骤的分解动作：

- 持续想象涌入你脑海的理想生活画面，进行巩固动作。(1 分钟)
- 持续巩固动作，什么都不想，集中注意力在呼吸上。(1 分钟)

- 持续巩固动作，视觉化你的平衡符号。(1 分钟)

这样，完成为时 3 分钟的三个步骤后，就到了四步法则的结尾了，它能够帮助你对之前所做的结论提供强有力的支撑，帮助它们牢固地进入你的身心。

接下来的30天

然而，我们仍然没有彻底结束。四步法则的四个步骤之外，仍然还有一步——就是在接下来的 30 天以及之后，将你从所有步骤中获得的一切运用到你的生活当中，这是一个简单的日常工作。

为确保你做出的变化是永久的，现在我们要让你在接下来的 30 天（或者如你所愿的更长时间），每天都花几分钟来重温所有步骤的浓缩版本。你可以把这看作是独立完成的单独温习。我们把它叫作“日常温习”。

日常温习

- 交叉双手呼吸。(2 分钟)
- 宣誓，以及个人快乐密码陈述，有声或者默念皆可。(5 分钟)
- 巩固动作，视觉化你的平衡符号。(1 分钟)

接下来的 30 天里，每天做 3 次。比如，第一次在早晨，最后一次在夜晚，中间一次在中午，比如午饭时间。

步骤四的目的在于将一张综合了前三个步骤中所有结果的图像，印刻在你的脑海里。但与此同时我们也在进行别的动作。我们同样也在设立一系列线索，这样天长日久，利用这个简单的小步骤，你花不了几分钟就可以快速激活并重建在完整过程中完成的一切成果。

你可以这样想：

步骤四中，你在海平面上放了一个锚，这样你的新信念、新思维模式就不会被日常环境的波浪冲走。同时，作为一个生命体，你知道自己迟早都会漂走。不可避免地，我们被生活中的各种事情分散注意力。环绕着我们的波浪越强烈，我们就会越快被冲走。

所以，在抛下一个锚之外，我们还要利用步骤四在你的脑海中设立浮标来作为记号，这样不论何时你想要回到抛锚的地方，你都能够立刻找到那个位置。

浮标就是你的个人平衡符号。

30 天是我们推荐的最短时间，因为一般潜意识需要经过 30 天才能接受并适应新习惯。

如果你在与一个强烈创伤或痛苦事件纠缠，比如深切的悲痛，或者巨大的生活改变，或者因为任何其他原因你觉得自己需要更多的支持与强化，那么无论如何，坚持 6 周或更长的时间来做这个日常练习吧。这对你来说多多益善。

无论何时，只要当你感觉到压力……

除了这 30 天的日常温习之外，这个步骤为你提供的是你可以在任何时候、任何地方，只要你觉得有需要，都可以终生使用的工具。

无论何时当你感到压力或者威胁，感觉你新的正面信念遇到困难，下面三种小方法都可以帮助你回到正轨。

人们有时说：“当我没有感觉压力很大的时候，我没有时间或者空间来做任何啰唆的步骤。我那时甚至都无法清楚思考，更不用说记得什么复杂顺序了！”

我们知道这一点。我们也见过这样的情况。事情变得非常忙乱，有时候感觉失去控制。这没什么——哪怕在这样的情况下，你仍然可以使用这些工具。我们之所以把这些小步骤设计得极为简单实用，就是为了让你可以随时随地在任何情况下都可以使用，不管你的生活忙成什么样。

1. 日常温习

如果你能够自己花几分钟来重复之前的30天里的日常温习，结合步骤二、三、四中的所有因素，就能够成为你矫正电极、找回四步法则成效的强大的系列线索。

2. 小温习

作为日常温习的缩略版本，你可以在做巩固动作扶住头部的时候简单视觉化你的平衡符号。

这个符号的美好之处就在于它是一个单独的视觉因素——因为你把它作为四步法则的结论来使用过，它就包含了全部步骤的种子和果实。潜意识非常强大，一旦你经过了所有步骤，只需要这个精心选择的符号，就能够让你的潜意识在没有真正从意识上一步步回溯的情况下，回顾所有的步骤。

你越是经常使用这个方法，这个符号的能力就越强大。在许多情况下，进行巩固动作，激发与你的平衡符号相关的图像仅仅 30 秒，就足以重新调动你从完整的四步法则中得到的所有收获。

3. 交叉双手呼吸

任何时候，当你感觉状态不佳，压力很大，或是痛苦，那么就简单地做几分钟交叉双手呼吸，这能够帮助你镇定你的系统，矫正颠倒或紊乱的电极。

这个方法不仅极为简单，它另外一个实用的优点是看起来非常无害，不会引起过多注意。有时候做巩固动作或者宣誓接受自我是不太现实的，因为它们可能会让你周围的人好奇你在做什么，你是否正常，等等。但是交叉双手呼吸是你在任何时间、地点都可以进行的动作，而且不会引起任何不想招致的注意。

2 分钟是比较理想的时长，但有时如果你没有 2 分钟也没关系。很多时候这个步骤做 1 分钟就已经有效果了。

巩固成果

治疗具有严重的上瘾症状或者强迫行为的人，是四步法则最具吸引力以及最有前景的领域之一——这个领域也清楚地证明了日常温习的价值与力量。

多年来，不计其数的客户因为同样的问题找到我们，包括强迫饮食或者节食、习惯性洁癖、酒精上瘾、药物上瘾、消费狂或购物狂、赌博成瘾、性瘾、强迫性思考、色情片瘾以及网瘾，等等。

我们在此想重申，在这本书的开头提到过的免责声明：我们提供这个四步法则并非用以治疗严重的疾病，比如严重的药物上瘾或者严重的焦虑症患者。本书旨在为日常生活中广泛存在的问题提供帮助。对严重的上瘾症状，以及那些有强烈的药物偏好、心理基础（比如酒精上瘾、毒瘾、药物上瘾）的情况，通常需要多种组合的方式来彻底解决问题，这包括诸如住院治疗以及戒毒治疗、12 步支持小组、药物治疗方案或者其他的方法。

然而，即便在这些更为严重的案例中，四步法则仍然可以帮助确认在那些上瘾过程的开始包含的情绪变化，可以帮助人们避免重新陷入旧的行为习惯，故态复发。

有这些更为严重的病理症状的人，通常都同样面临着负面自我局限信念的纠缠——关于他们的人身安全、自我价值、爱的能力、无力、孤独的信念等——如同每一个人一样。用四步法则来确定这些问题很像确定一个人生活中的任何一种痛苦。四步法则之所以特别有效，是因为它能够以某种方式来帮助人们清楚认识到自己成瘾的原因。一旦一个人意识到原因，他就能更好地掌握局面，做出清晰的判断，承诺做出持久的改变。

在这些情况下，旧的模式通常具有强大的吸引力，而日常生活中运用这个过程中的一些因素维持生活规律就有异乎寻常的重要性。我们的经验是，能够克服成瘾的行为模式的人愿意至少每天三次重复日常温习动作，会好好持续做这些动作——作为日常规则——至少两三个月，甚至在此之后，在核心问题已经解决的情况下，为能够彻底将旧模式斩草除根，让新信念更深入持久发挥作用而仍然坚持这些练习动作。

杰森的习惯

杰森在读大学最后一年时，开始担忧他很快将要在就业道路上做出的决定。随着毕业的临近，他的焦虑逐渐升级到无法放松，夜里无法入睡的地步。他的朋友给了他一些大麻来帮助他放松。

杰森之前间歇性地用过大麻，但如今大麻成为他每晚的依靠。几周后，习惯性地使用大麻让他沮丧又无法摆脱。他不但没能在职业道路上做出清晰抉择，反而感到越来越无法做出这个重大决定。这又反过来进一步加深了他的焦虑——促使他使用更多的大麻来麻痹自己。他知道自己处于一个非常危险的循环，每一晚都在自掘坟墓，但他觉得自己对此无能为力。

当他开始用四步法则来自我治疗，杰森很快能够确定隐藏在他精神层面的负面信念“我没有能力”，他生命中发生的几件最早激发这个负面信念的事件。几分钟后，他对于职业道路选择的焦虑感、无可救药的依赖感以及绝望感被连根拔除——完全解决了，杰森感受到戏剧性的变化，他觉得找回了从前的自己。

但杰森承认，他真的不知道自己是否能彻底戒掉他的大麻瘾。他试图戒掉大麻，那个当初让他对大麻上瘾的原因消失了，但似乎这个习惯依然阻碍着他——就像“万能胶水”，他这么形容。

我们建议他每天花几分钟做四次日常温习练习——日出时，睡觉前，白天再做两次——除此以外，无论何时当他感觉事情失控，他就做2 分钟交叉双手呼吸。

杰森忠实地执行这个规则，开始的几天，他感觉到了自信心的巨大变化。尽管他还是每晚吸食大麻，但无论如何，他顽强地坚持了每天做四次日常温习练习。

又过了一周，他开始能够在不吸大麻的情况下入睡，又过了几天，情况保持不变，就此继续了下去。四周后，他已经彻底停止吸食大麻，他感觉重获了新生——从某种角度来说，回到了从前。

一个吸烟者的故事

玛格在过去的 25 年里每天至少吸一包半的香烟。几年前，她设法持续几周停止吸烟，但当工作压力开始增加，她就又开始吸烟，这回她不但戒不了，甚至无法减少吸烟量。

玛格开始出现呼吸短促的情况并开始深深担忧自己的健康。

“我 50 多岁了，”她告诉我们，“我知道我必须开始更好地照顾自己。我也准备这么做。”她并不觉得自己真的能做到，但她决定无论如何都要努力尝试一次。

除了对健康的担忧，玛格还痛恨一个事实：那就是尽管她知道自己需要戒烟，但她就是无法做到。无能的感觉让她非常有挫折感。

当玛格第一次使用四步法则的时候，就彻底改变了她的情绪状态。她很快开始把这看作是一个真正的解决办法。

任何上瘾都有它的生理基础，我们建议她每天至少重复三次或四次日常温习练习——她照做了。她没用尼古丁口香糖，没用膏药，没有用任何外部的辅助手段。

戒掉烟瘾一类的瘾所需要的时间因人而异。对于玛格来说，她花了三个星期。

与我们见面的一个星期内，她就从每天一包半香烟减少到每天一包香烟。又过了一周，她减少到每天一两根香烟，四周后，她完全戒烟了。玛格欣喜万分。

她的丈夫非常震惊，他也是个吸烟者。我们的故事至此开始变得意味深长。

你还记得史蒂文·霍普金斯吧，那个每次坐在社交场合都痛苦万分的成功销售总监。经过四步法则的治疗，史蒂文不仅能够放松地与朋友、家人、同事享受他的夜晚，他还意识到，当他需要旅行时，他不必再破费租赁私人飞机，乘坐航空公司的飞机就行了。

在史蒂文的故事里，有一个细节我们之前没有提到，当他第一次来见我们的时候，我们本来是要帮助他的妻子玛格戒烟的。

这还不是史蒂文故事的结尾。当他打电话来告诉我们他感觉有多么好的时候，他开始思考自己的生活中还有些什么是他想要改变的。那晚，他写了一篇日记，几个月之后他与我们分享了这篇日记：

下一步，考虑戒掉我的小烟卷。还不确定我是否已经做好准备了，但我想考虑一下。这能让我在跑步和打网球时耐力增强，也更容易找到酒店房间。还能让我的每一天更加平静。

当时，史蒂文整天吸着迷你小雪茄（他的小烟卷），我们向他提出了一个问题：如果你停止吸烟，这能够帮助你做到哪些你尚未做到的事情？

“很简单，”他立刻回答，“长跑。我之前很喜欢，也能跑——但只要我吸这些迷你雪茄，我就没法再长跑。戒烟将是我给自己的一份大礼。”

然后我们问他想要怎样开始治疗，想要了解他是否希望自己来掌握进度，而不是我们。

不过，我们当时误解了他的回答。我们以为他说想要戒掉每天中午抽一根迷你雪茄的习惯，而实际上他是希望以戒掉每天中午的那根雪茄来开始他的戒烟过程。我们再次带他进行了四步法则，侧重点围绕着他感觉自己无能力戒烟的问题，并（如同我们帮助玛格的方式一样）建议他在接下来的每天都要做几次日常温习练习。

一周后我们与他交谈，问他进展如何。

“很好，”他说，“我们真的成功了。”

“什么意思？”我们问。“你已经完全戒掉了中午的那根雪茄了吗？”

“不是雪茄，”他说，“是烟。”

等等——什么？我们以为我们在谈论戒掉每日一根的雪茄来作为让史蒂文戒烟的开始。

“不，”他回答，“我不是在说戒掉某一种烟。我在谈的是戒掉所有种类的烟草。”

今天，玛格能够每天行走 4 ～ 6 英里的距离，对自己以及生活都感觉好极了，而且她不再吸烟——史蒂文也是一样。

第四步：巩固

目的：确保前三步的成果深刻长久。

a. 巩固动作

● 持续想象你理想生活的画面（根据步骤三），进行巩固动作。（1分钟）

● 继续巩固动作，什么也不想，集中注意力在呼吸上。（1分钟）

b. 平衡符号

● 继续巩固动作，视觉化你的个人平衡符号。（1分钟）

其他的日常工具

日常温习

在开始的30天里（也可以更久），每天数次。

a. 交叉双手呼吸。（1分钟）

b. 做宣誓，以及个人专属快乐密码陈述，有声或者默念都可以。（5分钟）

c. 巩固动作，视觉化你的个人平衡符号。（1分钟）

迷你温习

当你感到有压力，需要重新振作的任何时候。

● 巩固动作，视觉化你的个人平衡符号。（1分钟）

交叉双手呼吸

无论何时只要你感觉你的电极失去了平衡，你都可以简单地做两三分钟交叉双手呼吸。

第七章 激发潜能，你将获得更多自信与快乐

更进一步，更多收获。内在比外在更大。

——牧神吐纳思（Tumnus），《最后之战》，C.S. 刘易斯

这本书中我们提到的大多数故事里，我们都描述了主人公面临的某个问题。斯蒂芬妮因为接受了一枚 25 美分的硬币而遭受训斥；凯特琳的父母批评她；理查德三年级时被点名要求做口头报告；海瑟的祖父去世了。

而在现实中，事情并非那么简单。我们不是单向的生物，我们有很多面，很复杂。我们经常发现左右人们的不只是一条负面信念，同样，我们经常发现生活中想要改变的事情也不只一件——哪怕当下只有一件事引起你的重视，其他的之后才轮得到。

我们总是会发现这个问题。典型的是，人们来找我们求助，希望能够从他们生活中某个特定的困难中得到解脱。那可能是一种特殊的恐惧或者焦虑，比如凯特琳关于桥梁与电梯的恐慌，或者一个当前的危机，比如海瑟无法从中解脱出来的失恋。那可能是他们主要人际关系中存在的问题，或者是他们的健康，又或者是任何影响他们工作表现的因素，

比如理查德每次布道时的悲痛。也可能是当他们无法忍受工作压力或者照顾孩子的压力时。

由于他们集中在一个最为突出的问题上，自然我们会首先来解决那个问题——我们帮助他们探索隐藏的负面信念，早年发生在他们生活中的事件或经验，进而解决那个问题，帮助他们创造全新的自我促进的信念，以及能够将那个新信念清楚植入他们生活中的“理想生活”画面。

但一旦当前的那个问题得到解决，其他的问题就会相继浮出水面，当他们由于之前的紧迫问题来找我们时，这些“其他”问题从未引起过什么注意（它们甚至可能是无法察觉的小事）。

打个比方，比如你头疼得厉害，一种偏头痛。疼痛是如此剧烈，你根本无法集中精力在任何事情上——工作、家庭，统统不行。你甚至无法吃东西或者睡觉。

于是你寻求帮助，然后你控制住了那个偏头痛。哦，甜蜜得如释重负。但那到底是怎么回事呢？你一边说着，一边用手揉着下巴。现在你的偏头痛走了，但你注意到自己开始有点儿牙痛了。事实上，现在你开始仔细回想，这牙痛已经折磨你好几个星期了。你的头疼太严重了，所以你没能注意到牙齿。

好吧，那么就去看牙医。你把牙齿补好了。哇，感觉好多了。但就在你开车从牙医那儿回家的时候，你发现你的后背很疼。你仔细回忆，想起上周末你在院子里做了些重活儿。你甚至没有意识到，但你肯定是哪里拉伤了。

好，头疼好了，牙疼好了……现在我们来对付后背。

当然，我们用四步法则来对付的问题肯定不会像牙疼那么简单，很明显，它们是另外一种疼痛，很多时候这种深刻的疼痛会被更为直接的疼痛掩盖。有时，这些更为深刻的疼痛会隐藏多年。

贝丝的多层面问题

贝丝来找我们的原因是她有非常严重的睡眠问题。她总是在夜里感觉自己听到外面有声音，非常害怕自己不安全。

“这很疯狂，”她告诉我们，“因为我们住在一个非常安全的社区。我家附近好几十年都没发生过入室盗窃的案子了。而且，我们有非常高级的安全监控系统，我知道我没有任何危险，但知道也没有用，我还是无法改变那种感觉。”

贝丝的丈夫经常出差，有时一次出差长达好几天，而贝丝的恐惧在丈夫离开时变得尤其强烈，她甚至整晚无法入睡。

你可能已经猜到了，当我们询问贝丝关于她的历史时，我们很快发现她童年的一些经历在她的潜意识里设置了“我在不安全之中”的信念。我们带她进行了四步法则辅导，告诉她如何在家里进行日常温习练习。几天后她打来电话汇报进展，她终于能够睡觉了。

三周之后，贝丝又来约见我们。

当她第二次走进我们的办公室，我们问她是否仍然有任何睡眠障碍。

她非常确定地告诉我们说没有，她的睡眠不再是个问题了。

“所有那些恐惧？都消失了。太神奇了！”她说。她这次回来找我们是为了完全不同的一件事：她担心丈夫汤米出轨了。

“我无法摆脱这个念头，”她向我们承认，“我也知道这很疯狂。我真的不相信汤米在做任何背叛我的事情——至少我理智的那一面不相信。他没有什么反常的行为，我完全没有任何证据或者原因来猜疑他，但我就是改变不了这个想法。”

而且，她补充说她意识到自己有这个讨厌的猜疑已经有段时间了。事实上，超过一年了。只是现在当她终于能够睡觉，不再整天筋疲力尽，当那些关于自己安全的恐惧不再是个问题的时候，这个吃醋的念头才终于浮出水面。

我们带着贝丝再次进行了四步法则的全部步骤。毫不奇怪地，我们发现了一些贝丝很早之前的痛苦经历，也发现了她觉得自己不讨人喜欢的原因。

贝丝是对的，汤米根本没有背叛她。问题是贝丝无法从内心深处确信汤米会一直对自己保持忠诚——因为她无法接受“自己是足够可爱的”这个信念，她无法接受自己值得拥有爱她的忠诚的丈夫。

一旦贝丝发现了让这个负面信念得以形成的早期事件，她立刻就知道该怎么做了，她已经掌握了解决痛苦迷雾的工具，所以她进步很快。

但故事并没有就此结束。6 个月之后，贝丝又一次找到了我们。

“我睡得很好，”她告诉我们，“我感觉也很棒。”她看起来气色很好——充满活力，放松，容光焕发。她继续说自己已经停止了那些关于汤米的强迫想法，他们一起生活得很愉快。

那么，是什么原因让她又出现在我们的办公室了呢？

“你们肯定会笑我，”她说，“我现在感觉比之前镇静放松太多了，但我开始想……嗯，关于我是否在做真正适合我的工作。”

作为一个小型市场公司的文案，贝丝很擅长自己的工作，但她开始面对一个更为深刻的问题，她的工作并不能为她带来真正的满足感。

“我不停在想，什么是我这辈子真正该做的呢？”她说。

现在，贝丝解决了曾经困扰她的那些更为紧迫的问题——可以说，那就是她的偏头痛以及牙疼——她开始面对更为深刻的问题。她感觉无能，并困惑于自身价值，而这些都阻碍了她去做自己真正想做的事情——她真正想做的，是一名环境保护的记者。

对于贝丝来说，这才是她生活中至关重要的问题。然而，只要她在忧虑自己的安全，就无法入睡，或者不停地担忧自己的丈夫会背叛自己，她就没有时间来思考那些自我存在的问题，比如她的人生目标或者她是否为世界带来积极的改变，等等。一旦这些问题解决了，她就能进入她人生的另外一个阶段了。

打开你的礼物

有时候，正如我们在记者大卫或者史蒂文·霍普金斯的长期脖子疼痛的案例里看到的那样，清除一个问题往往还有一个非常愉快的连带结果，那就是顺便也清除了其他的问题，甚至是在没有给予这些“其他问题”特别关注的情况下。

很多时候，人们按照顺序使用四步法则，就像贝丝那样，从最为明显、紧迫的问题入手，然后再次回顾所有步骤来对付另外的问题，然后再是另外一个。

可能当你经过了那个最迫在眉睫的问题之后，你发现一旦这个问题获得了解决，你就感觉好了很多，甚至觉得目前不再有任何需要进一步解决的问题了。但过了一段时间，就像贝丝，你可能会注意到或意识到还有其他的问题需要解决。几周或者几个月后，你可能发现自己想要重新找到这本书。

好处是随着问题的逐一解决，整个程序不仅会变得越来越简单，甚至感觉越来越有效。

一是通过反复练习，你对四步法则愈发熟悉；二是你清除掉的灰尘碎片越多，你就越能清除其他需要清除的东西。每清除掉一个新问题，你就感觉越轻松、越乐观、越有力量和自信，而这些会自然而然地像滚雪球一般为你带来更多益处，更多积极的改变。

比如贝丝，你可能会发现需要打开一层又一层，甚至更多层。每次打开一层，请享受这个过程！把这想象成打开一份礼物的过程。可能你得打开很多层包装纸才行，但里面的那份礼物值得你为之付出所有的努力。

那个礼物是什么呢？就是你以及你真正的生活。

埋藏的宝藏

四步法则对于缓和矛盾，找到危机，哪怕解决最为棘手的问题都具有非凡的功效。但这仅仅只是个开始。因为相对于一堆需要解决的麻烦而言，你的人生更充满了多种可能性。

对于生活中任何你想要改善的地方，以及任何阻碍你去过完整人生的因素，你都可以用四步法则来达到目的。不管是你的感情关系、事业、财务、创造力，还是你生活中的其他任何领域，你都可以清除道路上的阻碍，实现自己全部的潜能。

人们经常会认为自己已经做到了极致，或者最差也做到了他们潜能的 50%。“我知道一切不够完美，”我们经常听到客户这么说，“但从 1 到 10 的话，我觉得我至少做到了 6。”

根据我们的经验，事实相去甚远。通过帮助几千位客户使用神经肌肉反馈的疗法，我们发现大多数人具有比他们意识到的多得多的潜能。

我们经常看到非常有行动力的人——专业运动员、成功商业人士、媒体人员，等等。哪怕是对于这个不同寻常的优秀人群来说，他们中间也很少有人运用了自己 50% 的潜能。就我们的经验而言，一个相当快乐成功的人通常只使用了自己 12% 的潜能——而这已经属于非常高的表现了。对于大多数人来说，普遍的潜能使用百分比是 5%。

仅仅 5% 而已。

想象一下可能性。想象你现在正在使用自己 5% 的潜能，而你完全有能力增加这个数值，不是说要增加到 100%，也不是 50%，只是 20% 而已。

你会有四倍的成就。

想象一下你拥有比现在多四倍的清晰度，四倍的松弛度，四倍的自信。想象一下这会给你的全身精力以及感觉带来的影响，对你的免疫系统以及抵御疾病能力带来的影响，对你的工作效率带来的影响，对你的情感关系带来的影响，对你的个人满足感、愉悦感、生活乐趣带来的影响。

在我们的经验里，所有这些都是合理的期望。有一个充实满足的辽阔世界，就在那里等待着你去享受。

我们把这叫作“埋藏的宝藏”，四步法则会是你的寻宝地图，同时也是你的铁锹，帮助你把宝藏挖掘出来。

你开发了多少潜能？

如果你想要的话，那么你可以知道目前你已经行使了全部潜能的多少。怎么得知呢？通过神经肌肉反馈法。

我们利用神经肌肉反馈法来确定对你产生最大影响的过往经验以及自我局限信念。如果我们用同样的方法来测试你未被开发的潜能会怎样呢？

事实上，这个轻而易举，我们经常为我们的客户进行这个测评。

就像你在第三章中做过的那样，你需要一个伙伴来陪你进行这个测评。首先，你自己需要进行我们描述过的基本动作：

- 中和你的系统。让你以及你的实验伙伴都进行 2 分钟的交叉双手呼吸来确保你们两人都处于电极平衡的状态。
- 感觉。让你的伙伴将手指放在你的手腕，对你向外伸展的手臂施压，力度只要足够能感受到抗力即可。
- 测评。先用几条客观真实或客观错误的陈述来进行测试：“我的名字是……”“今天是星期……”“2 加 2 等于 4”“2 加 2 等于 7”，诸如此类。

一旦你们找到了感觉，知道你们的测试平台在合理工作，那么你们就可以开始了。让你的实验伙伴在你做出下列陈述时测试你：

“在我的……（工作、健康、感情或任何其他你想要探索的生活领域)，我利用了我全部能力的大概 50%。”

如果这个陈述的测试结果是手臂力量保持不变，那么就意味着是真实的：你确实运用了 50% 甚至更多的个人能力。如果测试结果是手臂力量减弱了，那就意味着陈述是错误的：你没有运用自己潜能的 50%。

如果结果是错误的，那么下面测试 40% 的数值：

“在我的……（与上次相同的领域）我运用了 40% 或更多的个人能力。”

如果这次的测试结果是减弱（意味着你没有运用全部个人能力的 40%)。那么就继续测试 30% 的数值，然后 20%、10%、8%，依次递减。直到你发现那个让你手臂测试力量持强的数值为止。

当你发现了那个保持强度的测试结果后，再测试相反的陈述来确认你的结论。比如，如果你对下面这个表述的测试结果是保持强度的：

“在我的……（你想要测试的生活中的任何领域）我运用了全部能力的 10% 或更多。”

那么就接着测试下面的表述：

“在我的……（生活中相同的领域）我没有运用我全部能力的 10% 或更多。”

如果之前陈述的测试结果是保持强度，那么这个表述（相反的表述）就应该是减弱的。

一旦你确定了具体的数值，就把它记下来以便以后查用。如果你进行了四步法则，并且在接下来的日子里坚持进行日常温习练习，那么你会发现那个数值得到了增长。通过神经肌肉反馈法的帮助，我们见证了人们积极地发挥个人潜能，幸福感飞速提高，有些人的快速改善，甚至发生在开始四步法则后的仅仅几分钟内。他们清除了障碍，获得了更好的表现，在神经系统建立起了新的自我促进信念。

罗博的危机

在我们的实验中，我们曾经遇到很多运动员，包括一些世界冠军以及奥运会奖牌获得者。其中有一个故事特别打动我们，因为那不仅仅是关于清扫个人表现障碍的，那是关于如何帮助一个男孩找回自己生活的。

当罗博的父亲带他来见我们时，罗博已经在大学里打了两年棒球。他这一生都想要打棒球，高中第一年他就被教练选为专业苗子来培养。整个高中时代，罗博非常辛苦，不仅忙着比赛，还要兼顾自己的学业，他的努力没有白费——他以出类拔萃的表现赢得了一所著名大学的奖学金，而这所大学将直接把他输送到未来体育事业的坦途中。

然而，在大学第一年，祸事降临了。一起校园丑闻发生了，尽管罗博根本没有参与，但经过一系列的不幸事件，他却最终被推到了丑闻的罪魁祸首的位置上。真正闯祸的男孩是个比罗博更有价值的球员，所以尽管教练也曾怀疑罗博被冤枉了，但他们仍然没有努力去澄清真相。虽然并未触及法律，罗博也并未被严格惩罚，但整个事件的不公正还是让他陷入了恐慌。

突然之间，罗博无法专心比赛了。他的成绩下滑。他在赛场上变得沮丧、愤怒，无论身处何地都非常情绪化。他与女友分手。大学二年级时，罗博因为一系列逐渐升级的小违纪而被停课。不仅他的比赛陷入危机，他甚至开始说要放弃棒球。罗博显然陷入了自我毁灭之中。

他的家人想过起诉，但由于担心这么做会对罗博的事业不利而作罢，因为他可能会因此被歪曲成一个麻烦制造者。于是，他的父母帮他转去另外一所学校，希望这样他能够忘记之前的事情。但问题跟着罗博来到了新环境，他仍然无法集中精力在学习以及比赛上。

当罗博的父母第一次带他来见我们时，那个事故已经发生有一年了，后果非常严重。仅仅 12 个月，罗博生活的所有方面都急转直下。

当我们对罗博进行辅助治疗时，我们发现，这个事故显然与一件发生在罗博 10 岁时的早年经历相关——那是另外一件他觉得自己被不公正对待的事件，别人冤枉他做了他没做的事情。那个早期事件完全不是什么大事，事实上，他的父母甚至没有意识到它。但这个事件留下了印记，当新的事件发生，尽管事隔多年，仍然产生了强烈的回响，那被酝酿多年的围绕着早期事件的痛苦迷雾再次袭来，它牢牢地控制了罗博，让他动弹不得。

经过一次治疗，罗博在学校发生了 180 度的转变。我们又见了他两次，一起处理其他的一些早年生活中发生的问题，帮助他确定可以自己跟进的练习——日常温习，小温习，教他如何在将来发生任何问题的时候进行完整的四步法则，等等——就这样，经过这三次见面之后，他就全靠他自己把问题解决了。

罗博焕发了无限光彩。他在新的学校变得非常成功，无论是学业还是社交方面，他的比赛状态也完全找回来了。上一次我们与他的父亲通电话时，罗博刚刚打上了职业联赛。

打破天花板，突破极限

我们第一次见到布莱德时，他碰到了一系列的麻烦：离婚，争夺监护权，破产，严重的税务问题。现在他再婚后有了一个新的家庭，他设法渡过了经济难关，但仍然很艰难。对来他说，比财务困扰更为棘手的就是，他不明白为什么自己总是无法实现自己的目标。

在我们谈论了他的生意以及财务历史后，我们很清楚地看到他总是在一个顽固的财务壁垒前频频碰壁：他一年能够赚到 10 万美金，但没法更多了。有好几次，他都有着绝佳的机会，胜利近在咫尺，但一切总是在最后一分钟失败，或是他不慎自己把一切弄砸了。

布莱德是个有才干的聪明人。他有良好的社交能力，也不怕辛苦工作。他应该得到想要的一切。

“我应该得到成功，”他告诉我们，“可相反，似乎我碰到什么事，就毁了什么事。不管我做得多么好，我好像总是以失败告终。就好像冥冥中有什么神秘力量在阻止我前进。”

他说对了，事情正是这样——只不过那不是什么神秘力量，那是他自己潜意识大脑里根深蒂固的自我局限信念。

这其实很常见。我们经常看到人们遇到收入壁垒，当他们无法逾越某种收入状况，或者就算他们逾越了，但一些事情发生了，毁了一切成果。如果你潜意识里不相信自己值得一年赚 5 万美金，或者 8 万美金，或者 15 万美金，不管具体数字是多少，只要你觉得自己不配，你就会想尽办法停留在那个水平。可能你的意识层面会有各种机会来做得更好，各种强大的理由让你想要赚得更多——可无论“大象”往哪儿走，你都必须跟着。

在第一次见面时，我们与布莱德谈论了他的童年以及成长经历。他的父亲工作非常勤劳，总是能够维持家计，但也仅此而已。“生活很艰难”，这是布莱德从父亲那里得到的信息，而这也是父亲从自己的父亲（布莱德的祖父）那里得到的信息。布莱德家的核心感觉就是一种匮乏，从未充裕过，永远也不会有充裕的时候。

青少年时，布莱德从这个家传态度中叛逃，并发誓作为成年人，他要从匮乏的循环中脱身，要获得巨大成功。

当我们用神经肌肉反馈法来评测布莱德的潜能运用数值时，我们得到的结果是 3%。这令人难以置信，布莱德一直在与这些困难作战，组建新的家庭，设法谋生——但仅仅运用了他个人能力的 3%！这是非常不正常的。

我们带他进行了四步法则的治疗，侧重在他从父亲那里吸取的负面信念上。当他第二次来见我们时，他告诉我们他的生活发生了戏剧化的转变。

“我的妻子对于我态度上的变化非常吃惊。她告诉我说感觉上她现在跟一个完全不同的人一起生活——那个她当初嫁的男人。”

他还告诉我们那个礼拜他遇到了一个新的机遇。

我们再次运用神经肌肉反馈法来测试布莱德运用了多少个人潜能。

这一次，我们得到的数值是 30% 以上——10 倍于一周之前的数值。

这一次，布莱德没有弄砸。那个机遇生根开花，为他铺设出灿烂的职业新方向。一年后，他的年收入超过了 15 万美金，并在持续增长中。

当然，金钱并非是通往幸福的道路。但幸福快乐却是通往财富的道路。无论你的收入状况怎样，你必须感觉自己理所应当、足够值得、足够开放来享受一切，你必须有平衡的人生。

事实上，围绕着金钱的自我局限信念同样也围绕着爱与幸福。你曾经与某人真正快乐地在一起，并且听到你自己说："这一切太美好了，不会持久的。"或是其他类似的想法。如果你想不出什么样的信念会驱使你做出这样的陈述，那么它可能是这样的，比如"我只配拥有一点点幸福……"换句话说，这就是"我没有价值，我不可爱，我不配拥有真爱"的另外一个版本。

这些自我局限信念就像电梯里的糟糕音乐一样，在我们的脑海里不停播放，不断用关于我们能力、资格的恶毒想法来侵害我们，它们是谎言，但它们是我们太过熟悉几乎无法抵抗的谎言。用《星际旅行：下一代》中伯格的话来解释："我们是你的潜意识——抵抗是徒劳的。"

但就算抵抗是徒劳的，转变并非同样无效。我们有工具来根除、解决、削弱这些腐朽的旧的负面回声，一旦我们开始这样做，我们就能够打破我们自行设置的能力极限，能创造更多收入，成就伟大事业，让我们的人生充满完整满足的情感关系。

贝丝的故事正好解释了这一点。因为她并不相信自己真正值得拥有一位完美忠实的丈夫的爱，她开始想象一些不存在的假象，并就此开始损害她的婚姻。当她的习惯性恐惧问题得到解决后，她与汤米继续快乐满足地生活在一起，而这是他们完全值得拥有的生活。

从安静的悲剧到胜利

还记得你年少时候的梦想吗？当时你想象此时你是什么样子，你的事业是怎样的，你的情感关系是怎样的，你获得了哪些成就？

有太多人想要开创自己的事业，但终生都太过羞怯未能开始。有太多人想要写作，做音乐，跳舞或以其他任何方式来表达他们自己，但他们都没有去做。

这是一个安静的悲剧，因为安静而如此真实——这是一份被永远埋藏、不见天日的宝藏。有多少人由于无法面对被拒绝而产生罪恶感、羞耻感、恐惧、抵抗等负面感觉，以及由于过去的伤害而不敢充分实现自我潜能。太多的人从他们自己的命运中退场，不敢涉足他们能够掌握的领域，仅仅是因为缺乏对成功的信心。

从安静的悲剧到胜利，这两者之间转化的距离根本没有那么遥远。它就是一个以英尺、米来计量的距离，悲伤的迷雾将我们牢牢掌控，可一旦我们看清楚它的本质并面对它，它就真的只是一个噩梦或者只是一小团雾霭而已。

可能你的生活并非是你想要的状态。可能你会感觉阻碍、停滞、倒退。可能在你的感情、事业、健康、生活享受等方面，你到达了某个阶段，某个你停滞不前的阶段。

好消息是你根本不需要“停在那里”。

四步法则可以像门廊一样把你引向你想要的任何生活状态、想做的事情，让你尽情享受你能想象到的一切。我们见证过成百上千的人成功了，他们曾经跟你一样。

第八章 通往富足人生的五条途径

喂，我可不是万事通。说实话，生活中我失败的与我赢得的一样多。但我爱我的妻子，我爱我的生活。我希望你们也能得到与我一样的成功。

——迪克·福克斯，《甜心先生》

在第七章中，我们谈到过一些朋友通过使用四步法则在他们的工作中变得更有创造力，更有效率，也从而获得了收入方面的明显攀升。但这仅仅是衡量成功的标准之一。尽管我们的文化是经常用财富来衡量成功，但这并非是成功的全部。成功是指真实的、长久的、丰富的、满足的成功，无关财富。成功是指过着丰富的人生。

通往富足人生的五条途径

四步法则并非是在试管中操作的——我们如何度过每一天，如何改变自己来创造我们真正想要的生活，这些都是至关重要的部分。

经过我们多年的实践，在使用以及教授四步法则的特殊工具之外，我们还提供了一些生活方式方面的建议给客户，这些建议综合了最新的前沿科研成果以及我们自己的临床经验。在这本书的最后一个章节，我们也想要与你分享这些建议的精髓。

在四步法则之外，下面这些事情可以帮助你过上丰富的、完整的、最为满意的生活。我们把它们叫作“通往富足人生的五条途径”。

1. 有意识地进食。
2. 有规律地运动。
3. 沉浸在分形的世界中。
4. 建立你的感激列表。
5. 花时间进行自我更新。

途径1：有意识地进食

20 世纪后几十年发生了一场关于食品对健康的影响的革命。从 1977 年具有划时代意义的报告《美国饮食目标》问世开始，大批的政府以及私人研究令公众以及专业人士迅速意识到营养与慢性疾病之间的重要关联，比如心血管疾病、糖尿病以及几种类型的癌症与饮食的关系。

今天，我们处于食品与健康革命的第二次浪潮，因为我们更为清晰地了解到食品对我们的大脑、情绪以及心理健康的影响。

例如，20 世纪 90 年代一系列研究结果清楚地证实了 omega-3 与 omega-6 脂肪酸与心血管健康之间的关系。研究显示，格陵兰岛的爱斯基摩人的传统饮食是鱼类、鲸鱼、海豹（富含丰富的脂肪酸精华——EFA），他们患心脏病的概率非常低，胆固醇指数也非常优秀，而饮食中含大量鱼类的日本渔村居民，他们患心脏病以及动脉菌斑的概率也比非鱼类饮食的村落要低。

发现还不仅如此。研究学者很快发现抑郁症的发病率也有类似倾向。比如，大量食用鱼类的地区，抑郁症的发病率比美国低 10 倍之多。

位于马里兰州贝塞斯达的国家滥用酒精研究协会，在鱼类食用量与产后抑郁症相反关联的研究取得了突破性发现。“无论国界，”研究者说，“鱼类食用量大的地区，比如日本、中国香港、瑞典、智利，这些国家和地区的产后抑郁症发病率最低。而鱼类食用量小的国家和地区，如巴西、南非、德国、沙特，这些国家和地区的产后抑郁症发病率最高。”

有证据显示，富含均衡的高质量 EFA 的饮食可能会对总体情绪的稳定以及抑郁状况的发生产生显著的积极影响。

EFA 与情绪之间的关联只是众多例子中的一个。举例说，情绪与几种维生素矿物质之间的重要关联众所周知，维生素与矿物质通常大量存在于蔬菜水果以及一些精细食物中。事实上，今天我们已经掌握了一些关于情绪与食物之间关系的极具价值的信息，在此我们就不一一赘述了。我们希望客户明确关键的一点：留心你吃了些什么，怎么吃的，因为这关乎你用什么方式来思考，来感受。用一句话概括就是：有意识地进食。

国家体重维持中心（NWCR）有一项关于现实饮食训练最为有趣的长期研究。1994 年，布朗医学院博士瑞那·温以及科罗拉多大学博士詹姆士招募了一批人来参与一项研究，研究的主要对象是那些不仅成功减肥，并且成功维持理想体重的人，研究的内容是这些人的饮食习惯与饮食模式。参与这项研究的对象，必须已经成功减重至少 30 磅，必须有专业健康机构对此成果出具证明，同时你必须维持减重后的体重至少一年。换句话说，研究者不仅在探寻成功减肥的要素，也在探寻维持减肥成果的要素。

整个研究从 700 名成年人入手，时至今日已经扩大为超过 5000 人的规模。研究对象的减重成果从 30 磅到 300 磅不等，所有研究对象的平均减重量为 66 磅，平均成功维持减肥后体重 5 年 6 个月。参与者们使用了多种方式来实现减肥以及维持体重。然而，所有参与者均有一些重要的共同之处。

比如，78% 的项目参与者有吃早餐的习惯——不是简单吃个甜甜圈喝两口咖啡，吞口橙汁就算数的，我们是指真正的早餐。

可能在你年轻时，你的妈妈就告诉过你一句千百位妈妈同样告诉过她们孩子的陈词滥调："早餐是一天中最为重要的一餐。"如果你妈妈真的这么说过，那么她绝对是对的，在一天的开始，食用富含碳水化合物与蛋白质的营养均衡的早餐有助于在全天建立一种稳定的新陈代谢模式。

随便吃些高糖分的零食当早餐可能会给你一些快速能量，但这会造成血糖的极速升高，随后经常伴有血糖的急剧下降，这会为你的情绪带来起伏，引起易怒、注意力难以集中等问题。

这是一天中发生的事实。当我们要等待很久才能吃上饭，其结果往往是当我们最终吃上东西时，我们的血糖已经非常低了（"我饿死了！"我们经常这样发牢骚，哪怕我们离真正的饥饿还差得远呢）。这样我们很可能会吃下去比我们真实需求多得多的食物，从而给我们的消化系统带来负担，以及引发新一轮的血糖升高，也为下一轮血糖骤降埋下伏笔，如此这般循环下去——直到我们垮掉。

当今的营养智慧倡导温和地自我供养，每天进食 5 次或 6 次健康营养食物，保持血糖浓度稳定，这样你就可以避免剧烈情绪起伏带来的伤害。

NWCR 的另一有趣发现是，项目参与者都在饮食方面表现出有意识的结构。换言之，他们拥有相当完备、深思熟虑后的食谱以及饮食方式。他们在出门采购食物时会携带购物清单，不会作太多的冲动购买，也不会有太多一时冲动吃下食物的时候。换句话说，他们不仅食用多种类型的食品，而且非常留意自己吃了些什么，以及什么时候吃。

途径2：有规律地运动

NWCR 项目参与者们成功减肥，维持体重的另外一个重要原因就是运动。90% 的参与者每天运动 1 个小时，94% 的人将提高运动量作为获得更理想体重的手段。

由于现代人的生活方式越来越倾向于久坐，为弥补日常运动的缺失，人们对有针对性的运动项目越来越感兴趣。在 20 世纪 70 年代，普通市民（非专业运动员）每天出门跑步会被视为异类，但之后兴起了慢跑热潮，人们从此开始出门跑步。健身，普拉提以及瑜伽课程，武术……为取代生活中正常的身体运动，我们发展出多种多样的手段，这也证明了人类的聪敏灵活。

结论是，适度运动不仅对身体有益，对大脑与情绪同样有益。

在杜克大学发起的一项研究中，一组病人每周三次，每次进行 30 分钟的运动，一段时间后，实验证明“运动在减轻主要抑郁症状方面与药物治疗具备同等效力”。

研究者对病人进行了为期 1 个月的跟踪调查，发现在那些保持运动习惯的人中，仅有 8% 的抑郁再次复发率，而对仅有药物治疗的人，这一复发比率为 38%。运动加药物治疗的群组里，抑郁复发率为 31%。

最后一项发现令人震惊，因为这一结果表明，使用抗抑郁药物并辅以运动治疗的病人，比完全不使用药物，仅仅用运动来抵抗抑郁的病人，抑郁复发率高了 4 倍！在解释这一结果的原因时，研究项目的总监，詹姆士・布鲁曼森提出了一种可能：仅仅依靠运动抵抗抑郁的病人可能会感到对自己的情况更能控制，从而赢得更多的成就感，他们可能会觉得更有自信、更有能力，因为他们不依靠药物，就做到了病情的改善……

简单地说，那些仅仅依靠运动来治疗抑郁的病人，有机会发挥更大的自身潜能。事实上，他们觉得自己能直接影响自身的健康，对自身健康产生有益作用。

规律的适度运动并非仅仅对抑郁有益，温和运动被证明可以在年老后提高大脑反应能力，并预防早期老年痴呆症。

一项近期研究显示，仅仅是每周散几次步都会对海马体的大小带来巨大影响。海马体是位于大脑深处的一个非常细小的海马形状的组织，它在记忆的构成方面扮演着举足轻重的角色。

海马体对创伤影响尤其敏感。比如，研究学者发现，退伍军人以及性虐待受害者患有严重的创伤后压力综合征，这些人的海马体异于常人，它们非常细小，创伤经历越严重，海马体的尺寸就越小。

海马体也是大脑中最早显示亚美尼亚病症恶化迹象的区域之一。哪怕对于健康人来说，大脑的这部分区域也会在大约 55 岁或 60 岁时开始萎缩，而且萎缩率可以达到 15%。而患有亚美尼亚病的人，海马体比正常人的萎缩率高 20% ～ 50%。

2011 年开始，匹兹堡大学的研究人员任意挑选出 120 名日常久坐的健康男性与女性，年龄平均 60 岁，分为 2 个训练小组。接下来的一年中，一组进行了包括瑜伽以及弹性带的抗力训练，另一组围绕某一路线散步，每周 3 次，每次持续 40 分钟。

年底的大脑扫描显示，采用瑜伽与抗力训练的组群，海马体平均缩小了 1.4%。这不足为奇，这种萎缩率对这个年龄的人来说是正常的，而采用规律散步的组群，海马体平均增大了 2%——这是一个巨大的改变，特别是对于这个年龄的组群而言，海马体在正常情况下会发生萎缩，而不是增长。

运动的奥妙就在于此，配合饮食，运动的基本规律是平衡适度。除了诸多好处之外，许多高强度运动包括跑步等项目，都可能在长期对身体带来负面影响。从很多方面来说，最简单易行的运动，也是最为平衡的，长期来说有最多裨益的，就是散步。

散步的益处太多，难以一一赘述。散步对心血管健康最为有益。对中年甚至更为年长的人群来说，散步能促进身体对钙的吸收，从而帮助减缓骨质疏松。特别是对于胸腔组织，散步明显增加了呼吸量，加大了手臂摆动，从而自然地修正了生理场的电极。

猜猜看，NWCR 发现成功减重并维持体重的参与者们最为普遍参与的运动形式是什么？你肯定猜得到：散步。

途径3：沉浸在分形的世界中

有规律地进行散步还有另外一个好处，就是让你与自然保持一种持续的接触，而这会对神经系统带来毋庸置疑的益处。几十年来，关于长寿的研究将长寿、健康、相对无压力的生活以及定期接触自然环境联系了起来。

这可能并无让人惊讶之处。毕竟，这是一个普遍共识：户外的自然环境让人感到平和宁静。但为什么会这样呢？有一门科学专门研究自然对此的作用，叫作分形（fractals）。

分形是一种在放大倍率的增长水平上不断自我重复的模式，这种“持续的不规则重复”的模式经常出现在自然界中：云朵、海浪、叶片、花朵以及雪花等。

分形的特点在于它用某种内在的模糊逻辑规则，通过自我重复组合在一起，但从不完全一致。没有两片完全一样的雪花，你可以盯着云彩或树木几个小时，永远不会发现完全一样的图案。

分形自从 20 世纪 70 年代被数学家贝奈特发现以来，它在帮助量化大量自然事物的复杂结构方面贡献卓越，无论是在地震学、土壤力学方面，还是人类生理学、神经学方面。分形的概念除了吸引了科学家，也同样深深吸引了大量艺术家，以及公众的想象力。它经常被称作“造物的指纹”。

理查德·泰勒博士来自俄勒冈大学，他的研究结果显示，艺术家杰克逊·波拉克的作品《水滴》由分形图案组成。我们由此也推测出一些现代经典音乐作品，比如菲利普·格拉斯或爱沙尼亚作曲家阿尔沃·帕特的作品，同样也是遵循了分形的原理组成的。就此而言，相似的分形效果，即小细胞的重复和渐变也是巴赫大量作品中的特点。

同样，关于分形对我们情绪及神经方面的影响也有大量研究。比如，研究显示：观察分形图案的动作，无论发生在自然界、数学方面或是在一束表达中——生成一种具有辨识度的人类脑电波图案，包括在额前叶的 α 波的增长，位于顶叶的 β 波，以及用皮肤电导计量的可被量化的生理影响。

分形能够对心理以及情绪产生影响的原因之一可能是大脑自身就是以分形图案排列的。剑桥大学研究小组的这一最新发现，有助于我们更进一步了解大脑的运作方式。

无论采用哪种精密仪器，关键的一点是将你自己沉浸在分形环境中——比如出门散步，置身于树木、小草、云彩以及其他自然景物中——能够对你的边缘系统产生镇定安慰的效果，这是额前叶的最好滋补品。这不仅仅是单纯的视觉现象——自然的声音和气味，比如鸟鸣，以及当你置身植物之间时环绕周身的草木芳香，甚至感受皮肤上永不停息的空气波动——所有这些分形环境都对大脑有抚慰作用。

这种影响在你身处室内时同样可以发生。比如，我们的办公室里经常有描绘森林景色的图案或墙纸，哪怕我们并没有直接注视它们，仅仅是在我们的视线范围内存在这些分形图案，就能够对大脑以及情绪产生持续的抚慰效果。在听觉方面，办公室外有一个喷泉产生一种柔和的“溪水汩汩”的声音，而办公室的音响系统安静地播放着海浪分形交响乐。

途径4：建立你的感激列表

2003 年，加州大学的罗伯特·埃蒙斯博士与迈阿密大学的戴维斯·麦卡洛博士发起了一项伟大的实验。他们将实验对象分为 3 组，每组都被要求记录不同类型的日记。第一组简单记录日常时间但并不做评价；第二组记录发生的烦恼以及困难；第三组记录让他们感激的事情。10 周后，第三组被发现保有最高的能量水平，更为灵敏、乐观，针对目标有更好的进展，睡眠更为良好。

“研究认为，心怀感激的人拥有更多的能量以及乐观情绪，不易被生活中的困顿所烦恼，面对压力有更大弹性，更健康，更不易抑郁，”琼•博里森科博士这样写道，“经常感激的人更富有同情心，更愿意帮助他人，更满意生活。而感激是一项可以被学习、被改善的能力。”

我们同意这一观点。多年来我们一直在推荐我们的客户记录日记，内容与埃蒙斯博士以及麦卡洛博士要求第三组记录的毫无二致。

我们中的很多人（无论我们如何努力维持积极的外表），都倾向于发现生活中负面的东西，提防着生活中的问题，而不是关注生活中正面的东西。这不仅仅是一种悲观的态度，从某种程度上来说，我们生来就有发现生活中错误的、危险的、不利的、无法实现的事情的本能倾向。几千年来，从物种生存的角度，这是一种智慧的策略。如果我们周遭环境中有什么不同寻常的东西，那么那个东西就很可能会置我们于死地。

当今的世界，我们不再为每日的生存斗争，这种注意负面事物的倾向不再那么重要。事实上，它常常是限制我们无法过上富裕生活的最强力量——因为在很大程度上，生活是实现自我的预演：你侧重于什么，你就得到什么。

下面是我们推荐的日常练习。

写下你感到感激的事件，从最大最明显的开始。这种基本的感恩通常是从我们与生俱来或习以为常的事情开始，比如：

我很感恩：

……我能够看见。

……我能够走路。

……我有东西吃。

……我能够享受阳光、空气、树木。

……我有一辆车。

……我有地方住。

……我有一个我信任的朋友，爱我的伴侣，等等。

我们建议你从列出一张一打到两打事件的单子开始。

然后，选择一天中的一个时段来根据列表逐一进行核对，我们有些客户在每天洗澡时做这些练习，还有一些客户将这些练习作为临睡前仪式的一部分，还有一些人从疯狂的工作节奏中脱身一会儿，利用午餐时间的几分钟来进行练习，让自己得到片刻的宁静沉思时间。

当你列好了这个基本表单，并找好一个固定的时间来进行每日练习，还有一些你需要知道的：至少每天一次，拿出你的列表从头到尾浏览一遍，然后增加一项全新的条目，接下来的一年内每天都坚持这样的练习，你就会拥有一个将近 400 项的感激事务列表。

这样的练习，其巨大力量在于：通过整个过程，你的大脑将会得到显著改善，每天花时间集中精力来感激所得，并不断扩充感激列表，这些练习就如同肌肉训练一样，你可以想象自己在进行“感激肌肉训练”。这可不是文字游戏，从神经学方面来说，你通过这项练习重新训练了大脑中被称作“网状活动系统”的部分。

每时每刻，我们都被海量的感知信息、数据包围，如果我们必须有意识地思考所有，我们会不断重复。为了能够正常反应，除了非常小的一部分信息之外，我们的神经系统过滤了绝大部分信息。网状活动系统是大脑管理选择及过滤过程的部分。

RAS（网状激活系统）又被称为网状结构，它是连接脑干与其他低级大脑区域的神经通道。这个神经光纤的矩阵管理从入睡到苏醒的转换，反之亦然。同时网状结构也作为过滤器官，对大脑从外部获取的感知信息进行过滤。你看到、听到、感受到、尝到、闻到的一切都会通过这个精密的网络，它会把信号或讯息传递给相应的大脑器官进行处理。

RAS 被描述为"大脑的 google"，它是一个搜索引擎，帮助我们从海量信息中选择相关的有用数据为我们所用。比如，它能让一对父母站在拥挤的健身房前，从室内 50 个孩子没有差别的叫喊声中分辨出自己孩子的声音，他们设置了自己的网状结构，过滤了其他所有相关的声音。

当你建立自己的感激列表时，你的 RAS 在它的优先等级上做了微妙的转变，不同于寻找负面的东西，你将你的神经搜索引擎设置为寻找正面事物。你生活中有哪些顺心如意的事情？你完成了什么事情？当你逐一回顾你的感激列表，你的 RAS 开始将那些你周围环境中符合条件的重要事件带入你的意识中。

并且，正如埃蒙斯博士以及麦卡洛博士实验中的第三组一样，当你将注意力更多地集中在你生活中的好事上时，它们开始在你的生活中"增长"。就是说，你注意什么，你就会得到什么。《给予的力量》（*The Go-Giver*）一书中的角色品达说："你应该听过这个说法吧？去找问题，你就会发现问题。"这一点千真万确，不仅仅是关于麻烦，这适用于万事万物。去找冲突，那么你就会发现冲突。去找那些占你便宜的人，那么就会有人出现来占你的便宜。把这个世界看成一个狗咬狗的地方，那么就会发现一只个头比你还大的狗对你虎视眈眈，你可能是它的下一顿美餐。寻找人们最美好的地方，你就会惊叹多少才华、智慧、理解以及美德。最后，世界总的来说是用你希望的方式对待你。事实上，对于发生在自己身上的事情，你会惊叹有多少自己的功劳。

在向客户解释感激列表的内容时，我们经常会告诉他们W. 米歇尔先生的案例。

米歇尔经历了一次极为严重的摩托车事故，事故烧毁了他的部分手指，并让他身体2/3的部分被严重烧伤。几年后，第二次危及生命的事故又把他送上了轮椅（这次事故发生在一架小型飞机上）。今天，他环游世界，到各地宣讲关于克服自我局限的演说，他经常为监狱以及市中心学校提供免费演讲。

“在我瘫痪之前，”米歇尔说，“我原本有一万件能做的事情，现在只剩下九千件能干的了。我可以沉浸在失去了一千件事情的哀伤里，也可以着重在我还可以去做的那九千件事情上。”这是一个知道如何管理自己的网状活动系统的人——他拥有极为发达的感激肌肉。

途径5：花时间进行自我更新

在当今快节奏的生活状态下，产出量经常备受重视。不要误会，有产出是一件很棒的事。我们把笛卡尔的著名格言从“我思，故我在”篡改成它的现代版本：“我完成，故我在。”

正如我们在第六章中提到过的那样，平衡是四步法则所有目标中最为本质的一点，而平衡在产出活动与修正存储，更新自身方面，尤其重要。

更新对不同的人来说代表不同的事。我们来看一看更新的四个方面：

1. 生理更新
2. 大脑更新
3. 情绪更新
4. 精神更新

生理更新包括良好的睡眠以及良好的营养、良好的运动。我们中的很多人在相对久坐的状态下工作，我们几乎都集中于大脑运动，仅仅简单地步出室外，就能得到生理平衡的主要资源。

大脑更新代表为大脑做一些清除工作，并让大脑获得休息的活动。这当然包括沉思，但也简单包括那些与你的工作毫无关联的事情。比如，如果你的工作是机械方面，那么阅读一些浪漫小说或人物传记能够完全让你从日常的集中点上得到转移。不论你的工作是什么，尝试发现让你真正享受，并且与你的工作毫无关系、毫无交集的事情。

情绪更新特别指和你喜欢的人或为你带来更新效果的人共处，不管是你的家人，还是亲密朋友，或是邻居。

从某种意义上来说，两性感情关系是人们生活的意义所在。有爱意支持的关系会让人们生活得越来越好。当人们对关系置之不理太久，它也会枯萎甚至死亡。我们知道有些人相较于呵护更新他们的人际关系，花费了更多心血来持续地关怀爱护他们的爱车，给它更换汽油或配件。

值得一提的是，在关于情绪更新方面，伴侣并不仅仅是指人类伴侣。宠物以日益增长的趋势成为有意义的情绪更新资源。

精神更新因人而异。但无论你的个人宗教信仰或信念是什么，我们相信精神更新对任何人来说都是维持平衡的关键。

如果你有某种特定的信念或精神信仰，那就可能意味着你必须定期与那个信仰传统保持联系，不管这是否意味着真的来到某个处所顶礼膜拜，还是自己在家里花时间与你的信仰接触——夜晚坐在漫天繁星下凝视星空、林间漫步或山中远足。不管采用何种方式，关键是你一定要定期花时间来做，多频繁为好呢？就好像锻炼身体一样——每日都至少花点时间采用某种方式，每周至少几次着重花点时间。

就像我们在第二章中提到的，当我们感受到那种联系——与上帝、与自然、与人类大家庭、与生活本身——这不仅改变我们对生活的看法，也会改变我们的生理及心理健康。它给我们的生活带来更多意义，让我们的生活经验更为丰富。结论就是：我们会更好地这样生活。

重新发现我们的联系

从某种意义上来说，所有的疾病以及不幸都与“失去关联”相关。这是四步法则以及五条途径的最终目的：帮助消除屏障来体验联系的感觉——与真实的自己，与他人，与生活。

我们的很多麻烦都因“孤单地生活在这世界上”的感觉而被激化。当我们深刻意识到事实并非如此，我们每个人事实上都是相互关联的整体的一部分，这样就会对我们生活的各个方面带来非凡的治愈影响。

我们的同事，医学博士拉里·多西是一位关于精神以及药理学的多产作家，他最为著名的发现是“代人祈祷”在生理治疗方面的力量。在他的著作《再次发明药物》中，多西博士向我们描述了他眼中的三个药品连续时代：药品年代一，治疗身体病患；药品年代二，包括了身心模式以及能量心理学的角度；药品年代三，多西博士使用了“永恒药品”一词，病人通过代人祈祷来获得治疗。多西博士最近告诉我们：

“我认为所有这些具体的治疗研究传递的一个重大的信息是，我们是相互关联的。当你了解了这些研究，空间与时间就不再重要，我们都是无局限的普世大脑的一部分，超越了分隔与距离，空间与时间。这些研究就是最佳例证。”

摘取诺贝尔奖桂冠的物理学家欧文·施罗丁格在他的著作《生命是什么？大脑与实质》以及《我看世界》中，描述了被他称为“意识的单一本质”的概念，并对此发表了天才的论述：只有一个大脑。施罗丁格把这个叫作“一个大脑”：我们都是大意识的一部分，我们超越并克服了个体性的分离。这并非是一个穿着藏红色长袍的东方神仙的言论——这出自一位20世纪最伟大的科学家之口。

坎迪斯·珀特博士是神经肽与情绪方面的专家，她这么说：“我们是与天堂连接的固定路线。”这种言论形成了她于2007年出版的著作《你感觉上帝所需要知道的一切》的基本思想。

“但对于想要得到成功与健康的我们来说，”她补充道，“我们必须清除旧的创伤，这样我们才可以将清晰的电子信号传递给世界。”

我们并不孤立。当我们对他人表示善意，这会让世界的一小部分变得更为美好——而且这也将会对我们产生疗愈的作用，我们对自己的看法也将会改观。

在其他方面这个方法同样有效，驱散悲伤的迷雾，释放你内心真正的喜悦。你做这两件事的目的是因为它们让你感觉更好。它们能改变你自身的生物化学，改变你的生理场，改善你的情绪、想法、信念，改变你的人生。但它同样改变了你周围的事物，因为你是你周遭的一部分，它们也是你的一部分。

当我们自我疗愈时，我们也在疗愈我们周遭的世界。你的个人快乐密码也同样是通往一个更快乐世界的途径。

结论
更为深刻的快乐

太阳从这里升起。

——乔治·哈里森

正如我们在导言中说过的那样，我们过去数十年的临床经验告诉我们，过快乐充实的生活，去体验我们能够感受到的丰富联系以及快乐，这些是完全可以实现的。

首先让我们花点时间更进一步地看待这个词：快乐。问问自己，我们真正在谈论的快乐到底是什么。

古希腊人有两个词汇都可以被翻译成“快乐”：hedonia——这个词更多是指当下此刻的愉悦；eudaimoria——指用一种更为完整、更满足的方式生活，以及与之相关的快乐。

“美餐一顿，看一场轻松愉快的电影，或是赢得一场运动比赛——这种快乐被叫作 hedonia well-being，指短暂的、稍纵即逝的快乐。”最近的《华尔街日报》中一篇题为《被高估的快乐》中描述了这个定义，“养育子女，做志愿者，去医学院上学等，这些行为可能不会给日常生活带来那么多享受感，但这些追求给予了人们一种充实的美好感受，特别是从长期而言。”

当前针对快乐和安宁的研究经常区别这两种价值，短期的快乐满足以及长期的快乐充实，而这两种快乐并不是互相排斥的——我们当然可以在追求有价值的人生目标、过充实生活的同时，仍然享受一顿美好的晚餐和看一场轻松的电影——虽然这两种快乐代表不同类型的事情。

今天，有一个正在萌芽的领域叫作“积极心理学”，积极心理学致力于研究让人们生机勃勃、生活充实的要素，与针对精神疾患的自我引导的诊断及治疗背道而驰。这个领域的实验证实，着重于长期快乐人生目标的人们比着重相对短期快乐目标的人们，寿命更长，精神更健康。

在一项针对 7000 名老年研究对象的研究中，拥有长期快乐生活目标的参与者相对来说白细胞介质素指数更低，这个指数是与心血管疾病、骨质疏松以及老年痴呆症相关的炎症指数。

在另一项研究中，1000 名年约 80 岁的研究对象中，有长期快乐生活目标的老人比短期快乐人生目标的老人患老年痴呆病症的概率低 50%。更高生活目标的群组也比另一组更不易丧失日常功能，比如家务、管理财务、上下楼梯等。在 5 年的观察期，更高生活目标的群组也比另一群组的死亡概率低 57%。

一位美国商人曾经就自己的酗酒问题向著名的卡尔•荣格寻求帮助，经过一年的治疗，美国商人并未治愈，很快重新开始酗酒，他回到荣格位于瑞士的办公室，向他询问自己的康复概率。

“你有一个慢性酗酒者的大脑，”荣格回答，“针对许多人，我运用的治疗方法都奏效了，但我从未在你这样的酗酒者身上获得过成功。”

这种论断出自最负盛名的心理学家之口，无疑相当令人气馁。郁郁寡欢的商人问：“就没有例外吗？”

“有，”荣格承认道，“偶尔，酗酒者会有被称为致命精神经历的体验，对我来说，这种经历发生于剧烈情绪转移以及本质的重置。曾经主导这些人生命的想法、情绪、态度突然间被抛至一旁，一套崭新的概念、动机开始彻底主导他们。”

一套完整的崭新概念、崭新动机开始主导他们。我们爱这种转变，因为我们同样也在使用四步法则的客户身上看到了这种惊人的转变，不仅是改善而已，而是彻底改变了他们的生活。

记得我们在前言中提到过的客户斯蒂芬妮吗？她最近来到我们办公室，告诉我们她生活中发生的一些改变。从我们初次碰面之后的几年间，她开创了自己的新事业，并在近期以可观的价格售出了这部分生意，目前已经开始忙碌于另一桩生意。她的生活从各个层面而言，从事业到家庭，到个人健康，都无可挑剔。当我们告诉她我们正在撰写一本关于四步法则的书，想征得她的允许使用她的故事时，她立刻欣然应允了。

“人们需要这个，”她说，“如果你们可以找到一个方法来把你们对我的帮助告诉更多的人，让更多的人受益，那么尽管使用我的故事吧，放在封面上！”

她停顿了一刻，说：“你记得我问过的问题吗？第一次我去见你们时，我问你，为什么我不快乐？你知道，我想我找到了问题的答案。我想事实是我曾经快乐过，但至少在某种层面上我并未意识到。我的意思是，曾经，有一个快乐的斯蒂芬妮。我只是找不到办法重新快乐起来。这样的表达足够清楚吗？”

再清楚不过。

6500 万年前行星撞击地球时，太阳可能被遮蔽了，但那并不代表太阳消失了。恐龙仅仅是无法看见或感觉到。同样道理，无论你的生活中发生了洪水还是地震，带来怎样裹挟着尘埃与碎屑的云雾，模糊了你的路途，它们遮掩了通往快乐的道路，但这并不代表这条路就此不复存在了。

我们生来就该快乐。这是我们的天性。它只是被悲伤的雾霭遮掩。一旦我们能够驱散过去由于行星、地震、火山喷发带来的阴霾，我们就能够看见头顶上清澈的蓝天，感觉到温暖明亮的太阳从未离开过我们。

乔治•普莱特 博士

皮特•兰博罗 博士

附录A
四步法则步骤汇总

第一步：确认（第一至三章）

目的：确定你最强烈的自我局限信念。

a. 确定你的“行星撞击”事件

● 列出所有你觉得可能对你如何看待自己、看待世界造成强烈负面影响的事情。

● 仔细阅读这个列表，确定是其中哪个事件对你产生了最为强烈的影响。

b. 确定你最为强烈的“自我局限信念”

● 从第二章介绍过的7条自我局限信念中，确定那个对你来说最吻合的信念。

c. 证实你确定过的因素

● 利用神经肌肉反馈法来帮助浏览上面两个列表，指出哪个是影响最深的单一事件，哪个是最具代表性的自我局限信念。

第二步：清除（第四章）

目的：重新平衡你的身体能量系统，做好重整准备。

a. 交叉双手呼吸（2 分钟）

● 坐下来，把你的左脚踝交叉在右脚踝上。

● 把你的左手放在右胸口，手指平放在右侧锁骨上。把右手交叉放在左胸，右手指平放在左侧锁骨上。

● 用鼻子吸气，口腔呼气。吸气时，用你的舌头抵住你门牙后的上颚，呼气时，让舌头松弛在下门牙后。你可以闭上双眼，或者向下看向地板来减少视觉刺激。

b. 地线（1 分钟）

● 坐直，放松。双手交叠放在太阳神经丛上，也就是你肋骨底部的正下方。感受你腹部的呼吸，缓慢地起伏。

● 闭上双眼，想象眼前有一根电线从你的身体垂直连接到地面。

● 保持那个画面，缓慢地吸气呼气，持续大约 1 分钟。

c. 备选方法

● 利用神经肌肉反馈法来检查你的生理场电极。

● 对于持续性以及慢性的电极颠倒以及紊乱，你可以使用：

交叉掌击：大约 2 分钟。

钻石步态：大约 10 分钟。

交替鼻孔呼吸：两侧鼻孔各 10 次，大约 2 到 3 分钟。

第三步：重建（第五章）

目的：清除负面信念，树立新的自我促进信念。

a. 治疗篮子（3分钟）

- 视觉化一个治疗篮子，可以自由选择任何容器来代表它。
- 把步骤一中的负面因素放进篮子。
- 用3分钟时间来视觉化一个画面：篮子逐渐消失或者漂远，盛着所有的负面因素。

b. 接受的誓言（大约1分钟）

- 右手放在心脏处，指尖放在“重新配置点”的位置（在第二根肋骨与第三根肋骨之间）。
- 顺时针按摩这个点，重复你的专属快乐密码——一段自我接受的陈述加上你的自我促进信念——念出声音或者默念都可以，重复5次。

c. 理想生活画面（几分钟）

- 接下来的几分钟，视觉化你的快乐生活场景。

d. 选择

- 释放画面。
- 治疗之旅的画面。
- 定位感觉（能量中心）。
- 找到你的执行力，给它取名。
- 成年画面。

第四步：巩固（第六章）

目的：确保前三步的成果深刻长久。

a. 巩固动作

● 持续想象你理想生活的画面（根据步骤三），进行巩固动作。（1 分钟）

● 继续巩固动作，什么也不想，集中注意力在呼吸上。（1 分钟）

b. 平衡符号

● 继续巩固动作，视觉化你的个人平衡符号。（1 分钟）

其他的日常工具

日常温习

在开始的 30 天里（也可以更久），每天数次。

a. 交叉双手呼吸。（2 分钟）

b. 做宣誓，以及个人专属快乐密码陈述，有声或者默念都可以。（5分钟）

c. 巩固动作，视觉化你的个人平衡符号。（1 分钟）

迷你日常温习

当你感到有压力，需要重新振作的任何时候。

● 巩固动作，视觉化你的个人平衡符号。（1 分钟）

交叉双手呼吸

无论何时只要你感觉你的电极失去了平衡，你都可以简单地做两三分钟交叉双手呼吸。

通往富足人生的五条途径（第八章）

1. 有意识地进食。
2. 有规律地运动。
3. 沉浸在分形的世界中。
4. 建立你的感激列表。
5. 花时间进行自我更新。

附录B
拥抱生理场

尽管关于抽象能量的组成及其对人体的影响的相关概念早已不是新闻，但仅在过去几十年间，这一概念才真正被现代医学在理论及临床实践中接受。实际上，几乎整个 20 世纪，生理场的概念都一直被人耻笑。

这种耻笑由来已久，从 19 世纪开始，关于生理场的研究都不可避免地被强行与先兆、降神会以及其他当时的唯心学说捆绑在一起。到了 18 世纪 40 年代，著名的化学家、物理学家卡尔·路德维希·冯·赖兴巴赫（Karl Ludwig von Reichenbach）利用了大量例证，似乎让探测人类的某种神秘磁场成为了可能，卡尔把这种磁场称作“灵力”，但他的研究很快被人们忽视。

半个世纪之后，在使用最新科研成果 X 光仪器以及一种特殊的蓝光过滤器的实验过程中，沃尔特·基尔纳（Walter Kilner）观察到生物周围的一种反常辐射。为将自己的发现与那个被歪曲已久的词“先兆”区别开来，他将这个区域称为“人体大气层”。在 1911 年，基尔纳以“人体大气层”为题将他的发现写成书出版。接下来的几年间，英国医学期刊痛斥了他的研究，声称“基尔纳博士无法说服我们，他的预感不比麦克白的幻想之剑真实多少。”

唉！

在质疑声中，研究仍然在继续进行。到了 20 世纪，一位顽强的科研人员发起了一项反传统的研究项目，这项研究成为了关于生理场研究的中心。具有讽刺意味的是，研究在一所最负盛名的医学院中进行。哈罗德·萨克斯顿·伯尔博士于 20 世纪前叶，执教于耶鲁大学，教龄长达近 50 年。除教授传统解剖学之外，伯尔博士同样花费数千小时的时间从事研究工作，发表了近百篇的科学论文。他发现所有生物体，包括植物与动物，都被一种独特的电磁波影响，这种电磁波可以用灵敏的伏特计测量出来。

伯尔博士的推论为这个电磁波区域保持了生物体的本质属性：正如从一张纸上的铁屑分散可以推断纸下磁铁的形状一样，我们血液循环中的营养元素，以及其他新陈代谢的产物会受潜在的生理场的支配，遵循我们的生命体的“形状”。

20 世纪 40 年代，俄国电学家、发明家塞姆扬·基尔良发明了一种极为灵敏的成像设备，它能够以高压、高频率电循环的方式抓拍生理磁场的图像。20 世纪 60 年代，基尔良的发明迅速获得了广泛认可，他的成像设备以令人叹服的方式揭示了电子能量辐射是以一种气层的形式包裹生物体的，很像地球的磁气圈，这也是一项近期才被发现的科学现象（有趣的是，磁气圈与人类形态极为相似）。

与此同时，基尔良的成像证据得到了西方医学界的关注，一位名叫罗伯特·O. 贝克尔的整形外科医生发现了人体的电荷与骨折治疗之间可能存在的关系。为什么蝾螈或蜥蜴可以重新长出失去的肢体，但人类却不能呢？罗伯特很想找到这个问题的答案。

罗伯特医生很快发现一个有趣的现象，蜥蜴肢翼神经末梢的电极与其他较为高等生物的神经末梢电极相反，比如狗、猫、人类。这个发现能引导我们找到蜥蜴能够重生肢体而人类不能的答案吗？而如果改变了人类神经末梢的电极，新的肢体生长能够成为可能吗？

结论是肯定的。贝克尔医生的发现促生了电骨生长刺激仪（EBGS）的发明，这个仪器在今天被应用于整形医学中粉碎性骨折重新生长的辅助治疗，当骨折发生在大腿骨部位，或创伤形成太久无法正常愈合时，EBGS 可以帮助防止骨骼新生不当。经过测试，它同样可以用于加速椎骨接合以及背痛的治疗。

能量医学的历史性进展发生于 1971 年，尼克松总统即将访华，与中国建立外交关系的那年。在尼克松具有划时代的访华之旅开始的 6 个月之前，一支先遣小组首先抵达中国安排各项准备工作。与先遣小组同行的还有一小组媒体团队，经验丰富的《纽约时报》记者詹姆斯·莱斯顿也在媒体团中。

到达北京的几天后，莱斯顿开始了剧烈的腹痛。几个小时后，他在北京协和医院接受了紧急阑尾切除的手术。手术很成功，但詹姆斯很快又开始了剧烈的术后疼痛。让詹姆斯大为惊讶的是，此时的治疗仪采用两种方法：针灸疗法和艾灸疗法——扎针、在主要穴位熏烧草药。他的疼痛消失了，治疗获得了空前的成功。

一周后，詹姆斯在《纽约时报》发布了他在中国的这次经历。整个西方世界惊奇地看到一种对于人体结构的全新理解以及相应的治疗方法。

针灸疗法的临床实践，特别是对于疼痛的疗效（并不局限于此），很快从东方医疗人员治疗亚洲病患的小圈子中突围出来，随着影响力的扩散，西方医疗人员也开始接受培训，并开始广泛采用这种东方疗法。

今天，数以万计的注册针灸疗法临床机构在美国挂牌营业，这一数据在西方各国都非常接近。

然而，科学界并没有迅速接受针灸以及艾灸疗法的有效性。直到 25 年之后，美国政府的官方医疗研究机构才最终肯定了这一疗法的合法性和有效性。

1997 年 11 月，国家健康局组成了一个由 12 位各方面专业人士组成的调查小组，成员们是生物学、流行病学、家庭医学、内科医学、物理医学、康复医学、生理学、精神病学、公众健康、统计学的专家。另有 25 位专家作为调查小组的见证人出席，以及 1200 位观众参与。在报告中，调查组肯定了针灸疗法无副作用的优点，以及在术后疼痛、晕船、化学疗法治疗上瘾、关节炎以及中风的康复方面已被证实的有效性。

报告的结论为：更进一步的研究可能应着重于“发现更多针灸疗法行之有效的治疗领域”。

这些努力中最有前景的应该是哈佛大学医学院进行的神经影像针灸疗法对于人类大脑活动影像的研究（第四章中我们曾经讨论过）。哈佛大学医学院在 2000 年发表了与此相关的第一篇论文，并持续研究至今。他们采用机能性磁共振成像（FMRI）以及正电子发射层扫描（PET）来显示穴位刺激对于大脑的影响。研究显示，在持续治疗的几秒内，包括杏仁核、海马体等在内的主要穴位可以对脑边缘系统（大脑的压力反应系统）带来镇定作用。

过去的 20 年，能量心理学已经成为医学研究中最为激动人心的前沿领域之一。今天，超过百家的著名医学院都开设了包括能量医学、能量心理学等相关研究项目，而这些科目在 21 世纪的前几年都尚未存在。下列是 12 家最负盛名的医学学府以及它们开设的具体系别、部门。

- 博蒙特医院：结合医学
- 杜克大学医学中心：杜克结合医学部
- 哈特福德医院：结合医学部
- 亨利·福特医院：结合医学中心
- 纽约长老会医院：比较替代医学
- 俄亥俄州立大学医学中心：结合医学中心
- 史格普斯医院：结合医学中心
- 斯坦福医院及诊所：斯坦福结合医学中心
- 托马斯·杰弗逊大学：结合医学 myrna brind 中心
- 科罗拉多大学：结合医学部
- 得克萨斯大学：结合医学部
- 耶鲁大学：格力芬医院结合医学中心

这些顶尖医学机构以及其他数十家同类机构都采用了各种能量医学的疗法，比如在心脏手术与术后护理方面的应用，以及日趋重要的情绪、大脑治疗方面的应用，比如焦虑、抑郁、压力综合征等。

很难解释为何医学界对于这一方向的极力抵制，尽管众说纷纭，但是关于人体与电之间的天然关联始终没有定论。

比如，当医生想要获知你的心脏健康状况，他们可能会采用心电图来作为诊断依据。为什么？因为他们可以通过观察电量变化的图表来了解心脏反应的相关情况。同样，我们使用脑电图来测量大脑的活动电波，用肌电图来测量肌肉的活动电波。我们同样也知道我们需要在被称作“电解质”的钠、钾、钙、镁等矿物金属之间保持一定的平衡。电解质存在于血液以及身体组织中。为什么？因为我们所有的神经信号都是电推动的。

事实上，人体的每个部位都是由电控制以及导电的。人体基本上就是一个电现象。而接受这一理论，将它应用于我们的治疗中，将会为我们在大脑完美的平静，整体的健康，人体极限方面提供至关重要的缺失元素。换句话说，理解并运用这一概念会帮助我们驱散那个顽固的悲伤雾霭，提供最为关键的要素，帮助我们成就更为完整丰富的“自己”。